AF368909

VUES

SUR L'ŒUVRE DE LA CRÉATION.

VUES

SUR

L'OEUVRE DE LA CRÉATION.

TABLEAU SYNOPTIQUE

DES SYSTÈMES COSMOGONIQUES,

PAR UN AMI DE LA VÉRITÉ.

> Non contradicas verbo veritatis ullo modo, et de mendacio ineruditionis tuæ confundere.
>
> ECCLES. IV, 30.

PARIS,

SAGNIER ET BRAY, LIBRAIRES-ÉDITEURS,

RUE DES SAINTS-PÈRES, 64.

—

1850

VUES

SUR

L'ŒUVRE DE LA CRÉATION.

TABLEAU SYNOPTIQUE DES SYSTÈMES COSMOGONIQUES.

PRÉLIMINAIRES.

I. — « Le premier de tous les livres porte inscrit en tête le nom mystérieux de l'Être éternel et créateur ; et dans cette première de toutes les cosmogonies, le ciel et la terre ont une même origine, et leur naissance commune précède tous les temps : *Au commencement Dieu créa le ciel et la terre.* Tel est le début de la Genèse.

« Alors le *Livre des générations du ciel et de la terre* nous révèle ce qu'était la création en ce premier instant de la nature : une matière informe, un abîme dans les ténèbres ; mais l'esprit de Dieu se portait au-dessus de ces éléments, *et la lumière fut.* C'est le premier jour.

« Ainsi, d'après la Genèse, la lumière est le premier

produit de la création, et son apparition date du premier jour ou de la première époque de la nature.

« C'est en présence des nouvelles doctrines scientifiques que nous discuterons, en les comparant avec ces nouvelles doctrines, tous les faits que renferme l'histoire des premiers âges du monde. C'est en présence des investigations de l'astronomie, de la physique, de la chimie et de la géologie, que nous allons interroger les archives sacrées sur la condition primitive de l'être un et multiple nommé univers, et sur les lois primordiales qui ont présidé à l'organisation du ciel et de la terre. »

Ce début est celui de la *Cosmogonie de la révélation en présence de la science moderne* (1).

Le sujet que traite l'auteur, le plan qu'il a suivi, le but qu'il se propose, déjà suffisamment indiqués par ce titre, sont tout particulièrement énoncés dans cet épilogue de sa préface :

« Puisque la foi doit venir en aide à la science, et que la science aussi est l'auxiliaire de la foi, ne séparons plus les enseignements divins des données scientifiques sur les mystères de la création. Accord des faits scientifiques avec les faits révélés : tel est tout à la fois le fondement, le centre et le résultat d'une véritable synthèse cosmogonique.

« La science fondée sur une observation exacte des phénomènes de la nature, pourrait-elle ne pas être d'accord, dans toutes ses déductions légitimes, avec les véri-

____

(1) *La Cosmogonie de la révélation ou les quatre premiers jours de la Genèse en présence de la science moderne,* par **M. Godefroy** ; 2ᵉ édition. Chez Sagnier et Bray, libraires-éditeurs, rue des Saints-Pères, 64, à Paris.

tés révélées par l'Auteur même de la nature? Mais si la science véritable a suivi, à son insu, l'ordre logique du récit historique de la création, il faut que l'humanité inscrive sur ses bannières déployées, ces mots désormais inséparables : *Foi et Science*, *Science et Foi*. »

Et les amis de la vérité aimaient à répéter avec M. Godefroy : *Foi et Science, Science et Foi.*

II. — Mais voici que, dans un ouvrage qui a pour titre : *Théorie biblique de la cosmogonie et de la géologie, Doctrine nouvelle fondée sur un principe unique et universel puisé dans la Bible*, M. Debreyne, docteur en médecine de la Faculté de Paris, professeur particulier de médecine pratique, prêtre et religieux de la Grande-Trappe (1), vient s'inscrire en faux contre toutes les doctrines scientifiques, et spécialement contre la *Cosmogonie de la révélation en présence de la science moderne*.

Le travail qu'il annonce au monde est un *travail d'émancipation universelle*, appelé à opérer une *révolution dans les sciences humaines*, une *œuvre de régénération scientifique* à l'adresse des *sociétés savantes et des membres du clergé*.

« Réveillez-vous enfin tous, il est temps de se lever, leur crie M. Debreyne ; l'heure de la liberté a sonné pour la science comme pour la politique : une ère nouvelle doit commencer pour l'une comme pour l'autre.

(1) Chez Poussielgue-Rusand, libraire-éditeur, rue Petit-Bourbon-Saint-Sulpice, 3, à Paris.

« Toutes les sciences humaines ont besoin d'être revisées et remaniées. Elles attendent l'homme qui, par la puissance de son génie et l'autorité de son nom, puisse imposer au monde des idées plus hautes, plus bibliques. Et si cet homme est catholique, s'il est ami de Dieu, il sera la synthèse de son siècle. »

Or, d'après le nouveau programme, suivant le religieux de la Grande-Trappe, « pour que cette œuvre de régénération scientifique puisse s'accomplir avec un plein succès, il faut que l'édifice de la science soit enfin posé sur le fondement biblique et sur le principe de l'unité. » (*Théor. bibl.*, Introduction, p. 1, 2, 13.)

Quel est ce fondement biblique? quel est ce principe de l'unité ou ce *principe unique puisé dans la Bible?* quelle est sa nature et quel est son mode d'action? C'est ce que, avant tout, il importe de bien connaître. Écoutons M. Debreyne :

III. — « Les savants, dit M. Godefroy, ne séparent « plus la chaleur de la lumière, qu'ils s'accordent à regar- « der comme une modification du même principe ; et on « rend raison des phénomènes de l'électricité et du ma- « gnétisme par la rupture et le rétablissement de l'équi- « libre de ce fluide invisible dans les divers corps de la « nature. On convient aujourd'hui qu'un seul fluide im- « pondérable suffit à l'explication de tous les phénomè- « nes de la chaleur, de la lumière, de l'électricité et du « magnétisme ; et tous les jours de nouvelles découver- « tes viennent révéler aux physiciens que les opérations

« les plus secrètes de la nature sont dues à cet élément
« universel, principe de toutes les actions des corps et de
« toutes leurs modifications, et que ce principe inconnu est
« au monde matériel ce que l'âme est au monde moral. »

« Ce principe inconnu, cet élément universel dont
parle ici M. Godefroy, c'est pour nous l'agent universel
biblique ou la lumière-force, dont l'effet immédiat est
la lumière sensible ou phénoménale. » (*Théor. bibl.*,
p. 47, 48.)

Dans la *Doctrine nouvelle*, cet agent universel ou
cette lumière-force, appelée aussi force luminique,
n'est point distincte de la nature divine. C'est *l'action de Dieu*, c'est *Dieu agissant* :

« La *lumière-force* ou la *force luminique* est l'action
de Dieu sur la matière, et son effet immédiat est la lumière
phénoménale ou sensible, car l'action de Dieu est nécessairement force et lumière.... La lumière sensible est la
plus haute expression de cette force, elle est la manifestation de l'action divine. Dieu veut organiser l'univers, et
la lumière sensible est le résultat de cette action.

« La force luminique est constante et instantanée à
toute distance.... La force luminique agit instantané-
ment, partout et toujours et à toute distance, puisqu'elle
est l'action de Dieu qui est partout et toujours présent à
ses créatures. La lumière sensible ou phénoménale est
le résultat de cette action conservatrice et vivifiante. Mais
cette lumière, par là même qu'elle est *le résultat des
actions chimiques*, ne peut pas être instantanée, parce
que la matière a besoin d'un temps pour obéir à l'impulsion de la force luminique, qui la régit. » (*Ibid.* p. 31,
32, 33, 65.)

Il est possible qu'on se fasse illusion sur la difficulté de concevoir l'instantanéité d'une action et d'une action divine qui n'est pas instantanée dans ses résultats, dans ses effets, dans sa manifestation ; mais il paraît absolument impossible de comprendre que la lumière sensible ou phénoménale soit tout à la fois et le résultat de l'action de Dieu, et le résultat des actions chimiques, ou, comme il est dit ailleurs, « le produit des combinaisons moléculaires. » (*Ibid.*, p. 42.)

L'étonnement devient plus grand encore et l'embarras augmente, lorsqu'on lit ensuite que « Dieu a confié à l'homme le plus puissant excitateur de la force luminique, le feu, au moyen duquel il produit à volonté la chaleur et la lumière. » (*Ib.*, p. 67.) L'homme serait-il donc en possession d'exciter à volonté l'action de Dieu ? Le Créateur serait-il à ce point subordonné à sa créature ?

Quant à l'histoire de la découverte, ou à la manière dont l'agent biblique ou dont ce *principe unique et universel a été puisé dans la* **Bible,** elle est aussi simple qu'elle est inattendue :

« Moïse ne parle que des choses sensibles, il parle aux sens. Donc, en parlant de la lumière sensible, Moïse *laisse deviner sa cause ;* car nous savons maintenant que cette lumière n'est qu'un effet, et cette cause ne peut être que l'action de Dieu sur la matière créée. Il faut donc distinguer l'action de Dieu de son effet, la lumière phénoménale de la lumière-force. » (*Ibid.*, p. 31, 32.)

Mais si la lumière phénoménale est le résultat des actions chimiques, le produit des combinaisons moléculaires; si le feu, au moyen duquel l'homme produit la chaleur et la lumière, est le plus puissant excitateur de la force luminique, on ne voit plus la possibilité de distinguer l'action de Dieu de son effet, on ne sait plus en quoi consiste cette distinction entre la lumière-force et le feu producteur de la lumière sensible ou phénoménale; « distinction capitale cependant, » au dire de l'auteur de la découverte, qui la préconise comme « un puissant moyen scientifique mis entre les mains des astronomes et des physiciens. » (*Ibid.*, p. 42.)

Enfin et au résumé, tout en proclamant que la lumière-force ou la force luminique est et ne peut être que l'action de Dieu parce que l'action de Dieu est nécessairement force et lumière, M. Debreyne décide que cette force luminique n'est rien autre chose que le calorique latent : « Le calorique latent, dont la science doue inégalement tous les corps, n'est pas autre chose que la force luminique. » (*Ibid.*, p. 54.) Est-ce que *le principe inconnu, l'élément universel dont parle M. Godefroy,* ne serait rien autre chose que le principe puisé dans la Bible par M. Debreyne ?

Quoi qu'il en soit, c'est au moyen de cette *distinction capitale* ou à l'aide de cette métaphysico-physique, que le nouvel interprète se promet de renverser tout l'édifice théosophique de M. Godefroy, pour établir sur ses ruines sa *Théorie biblique de la cosmogonie et de la géologie,* en substituant à la doctrine des savants modernes, une *Doctrine nouvelle fondée sur un principe unique puisé dans la Bible,* de la manière ci-dessus décrite.

JOURS DE LA GENÈSE.

I.

PREMIER ET SECOND JOURS.

Lumière et Firmament.

« I. — Les savants d'aujourd'hui, expose tout d'abord
M. Debreyne, admettent tous l'état de diffusion, de division extrême de la matière primitive : ils supposent cette
matière à l'état gazeux. Mais l'état gazeux ne se conçoit pas sans le calorique, pas plus que celui-ci ne se
conçoit sans la lumière qui n'était pas encore.

« Dans le récit des savants, dit M. Godefroy, *en re-*
« *montant aussi loin qu'il est possible,* après avoir parcouru
« une série d'états *toujours de moins en moins lumineux,*
« *on arrive à une nébulosité tellement diffuse que l'on*
« *a peine à en concevoir l'existence, on arrive à l'état*
« *purement gazeux ;* et dans le récit de Moïse, en remon-
« tant au premier instant de la création, on arrive à un
« état de matière *vide et vaine, invisible et incomposée,*
« *divisée jusqu'à être impalpable, jusqu'à l'annihilation.* »

« Or, il faut savoir que les nébuleuses les plus diffuses et
les plus ténues, quoique moins lumineuses que d'autres, le
sont pourtant beaucoup, c'est-à-dire qu'il n'y a pas de
nébuleuses ténébreuses depuis le premier jour de la création. Voilà le grand point qui sépare M. Godefroy de Moïse

qui nous donne les ténèbres comme caractéristiques du chaos. Cependant M. Godefroy croit avoir établi la parité et élève sur ce fondement son système cosmogonique. » (*Ibid.*, p. 3, 12, 19, 20, 21.)

L'auteur de ce système, qui est loin de vouloir admettre que le calorique ne se conçoive pas sans la lumière, et qui, du reste, n'a point à s'enquérir s'il y a encore ou s'il n'y a plus de nébuleuses ténébreuses, arrive effectivement à cet exorde pour le développement du plan génésiaque :

« Nous venons de voir que le calorique est hypothétiquement considéré comme un fluide dont la distribution, en proportion diverse parmi les molécules de la matière pondérable, constitue les trois formes générales, gazeuse, liquide et solide. Nous sommes conduits de la sorte à envisager la chaleur comme la puissance primordiale et modératrice de l'univers, et comme le principe sur lequel repose la constitution immédiate de tous les corps de la nature. Si nous ne sommes pas encore autorisés à prononcer des décisions dogmatiques sur la nature abstraite de la chaleur, si son essence est encore un mystère, nous savons du moins d'une manière certaine, et c'est tout ce qu'il nous importe ici de savoir, que les liquides renferment plus de calorique latent que les solides, et les gaz plus que les liquides, et que le passage des gaz à l'état liquide ou solide est toujours accompagné d'un prodigieux dégagement de calorique *qui se répand à la surface* ou sur les corps environnants. La simple condensation suffit à la production de ce phénomène, comme le montre l'expérience si connue du briquet pneumatique, où la compression semble exprimer et chasser, hors de l'air froid, son approvisionnement latent de chaleur et de lumière. On a expérimenté qu'une condensation d'air au cinquième de son volume produit une chaleur d'ignition. Il nous sera donc permis aujourd'hui de voir dans cette première condensation de la matière gazeuse de la création, la première manifestation de la Sagesse créatrice, ou l'exécution de ce premier ordre du Créateur : QUE LA LUMIÈRE SOIT.

« Dans l'état actuel de la science, la chaleur et la lumière procèdent du même principe, les phénomènes de la chaleur et de la lumière dépendent d'un agent unique toujours en action, mais dont nous ne pouvons apprécier les effets divers que dans des circonstances déterminées, là où un instant auparavant rien n'indiquait sa présence. Dans le système de l'émission ou des émanations, le calorique se combine avec tous les corps et s'en dégage incessamment, et lorsque ce dégagement est considérable, ses particules émises deviennent lumineuses. Dans le système des ondulations ou des vibrations, la lumière n'est distinguée de la chaleur obscure que par la fréquence et l'intensité des vibrations qui la constituent. Mais dans l'un et l'autre système, comme dans le système qui tend à réunir ces deux méthodes d'explication, la lumière résulte de la compression et de la combinaison des molécules matérielles qui contiennent d'autant plus de calorique latent qu'elles sont plus à l'état libre. Or, nécessairement, dans l'origine des choses, les éléments étaient à l'état libre, à ce qu'on appelle l'*état naissant*, et par conséquent ces éléments se trouvaient dans la condition la plus puissante pour opérer toutes les combinaisons et dispositions relatives au but de la création. Les phénomènes que présentent les nébuleuses conduisent à la même manière de voir, et nous autorisent à admettre que l'état pu–

rement gazeux est l'état originel de la matière. Les lois du raisonnement concordent donc avec les faits et les documents scientifiques pour démontrer que la lumière *visible et produite* (1), qui a précédé la formation de tous les globes lumineux, a été précédée elle-même d'un état de nature, pendant lequel *les ténèbres régnaient sur la face de l'abîme*, conformément à ce qui nous est si formellement révélé dans les Livres sacrés.

« Puisque la science a constaté que cette lumière visible et produite est antérieure à la formation du soleil et des étoiles, il ne nous reste plus qu'à confirmer, par le témoignage unanime des astronomes et des physiciens, que cette même lumière s'est exprimée du sein même de la masse moléculaire pour occuper l'espace circonférent : *Les ténèbres étaient sur la face de l'abîme, mais l'esprit de Dieu se portait sur les eaux, et la lumière fut* (2). Car

(1) Dans les diverses explications des cosmogonistes modernes sur la lumière du premier jour, il était bien moins question de la lumière visible et produite que de la substance ou du principe qui peut devenir lumière. M. Godefroy, à qui il était réservé d'effacer cette disparate choquante, si souvent reprochée à ses devanciers, fait suivre sa première démonstration de cette réflexion qui témoigne de tout son enthousiasme pour la véracité de de nos Livres saints : « Rendons enfin à l'historien de la création un hommage plein, entier, décisif, solennel : le voile qui dérobait encore à nos regards le fond du sanctuaire est déchiré : nous voyons enfin que Moïse a parlé de la lumière visible et produite, et c'est cette lumière visible et produite que la science, à son tour, nous révèle avoir été antérieure à la formation des globes lumineux. » (*Cosmog. de la révél.*, p. 31.)

(2) « Cet abîme du ciel et de la terre que les annotateurs modernes appellent « un vide ténébreux, » — « la matière destinée à composer le monde, » — « la matière d'où sortirent ensuite les cieux aussi bien que le globe terrestre, » les anciens interprètes l'avaient nommé « le chaos universel d'où devaient être tirés tous les corps célestes et tous les éléments : *Chaos unâ universali communi rudique formâ congestum, ex quo elicienda essent corpora cœlestia et elementaria cuncta;* » — « une profondeur infinie : *Aqua nimia infinitum habens profundum;* » — « une immensité sans borne et sans fond : *Sine fundo aqua, impenetrabilis, immensa;* » — « le grand tout de la création encore à l'état de matière informe et nébuleuse, à l'état de

alors nous pourrons dire avec plus de vérité encore que
M. Ampère, « ou que Moïse avait dans les sciences une

« matière invisible et impalpable : *Hoc totum adhuc informis et tenebrosa*
« *materies erat... quia nulla specie cerni aut tractari poterat.* »

« Après le prince du collége apostolique et après l'apôtre saint Paul, qui
font de cette révélation de la Genèse un dogme populaire et connu de tous,
saint Augustin, saint Grégoire de Nysse et saint Jean Chrysostome font observer que c'est pour exprimer tout à la fois et cette confusion de la matière
du ciel et de la terre, et cette informité absolue de la matière de la création,
qu'il est écrit dans la Genèse que *les ténèbres étaient sur l'abîme;* car,
disent ces interprètes du texte sacré, les ténèbres n'étant que l'absence de la
lumière, nous comprenons par là qu'il n'y avait pas même de lumière dans
la nature ; et si l'Écriture se sert en cet endroit du mot SUR, AU-DESSUS,
c'est parce que si la lumière eût été dès lors, elle n'aurait pu être qu'AU-
DESSUS de cet abîme: *Ubi enim lux esset, si esset, nisi* SUPER *esset...* SU-
PER *itaque erant tenebræ, quia* SUPER *lux aberat.*

« Puis ils examinent pourquoi le Créateur donne encore le nom d'eaux à la
matière élémentaire qu'il vient d'appeler ciel et terre, terre incomposée et
abîme ténébreux, et pourquoi il est dit que l'esprit de Dieu se portait sur
les eaux, alors qu'il n'y avait encore ni terre, ni eau, ni rien autre chose :
*Cùm adhuc neque aqua distincta atque formata, neque terra esset, neque
aliquid aliud.* Et ils expliquent que cette matière élémentaire a dû être désignée sous le nom d'eau pour sa fluidité ou sa mobilité, comme elle l'avait
été sous celui de ciel et de terre à cause de son universalité, et sous le nom
de terre incomposée et d'abîme invisible pour son défaut absolu de forme ;
la première de ces dénominations nous indiquant la fin pour laquelle cette
matière a été créée, qui est la formation du ciel et de la terre, la seconde son
état de diffusion, d'informité, et la troisième son aptitude à prendre toutes
les formes qu'il plairait au Créateur de lui donner : *In hâc igitur materiæ
significatione priùs insinuatus est finis ejus,* etc.

« Sans doute les principes élémentaires du ciel et de la terre, ou de tous les
corps de l'univers, ne pouvaient avoir de dénominations plus convenables
et plus en rapport avec les propriétés générales de la matière, et avec ce qu'il
nous est donné de savoir de son essence ; car les efforts et les recherches
des philosophes de tous les siècles n'ont pu rien nous apprendre de la nature de la matière, si ce n'est qu'elle doit être constituée par l'union de molécules infiniment déliées, et par conséquent d'une mobilité ou d'une fluidité
absolue. Mais il est une autre merveille que les docteurs de l'Eglise ne
pouvaient connaître, et que les progrès de la philosophie naturelle nous
permettent aujourd'hui d'apercevoir dans le récit de l'historien inspiré :
c'est que ces diverses expressions marquent la gradation, qu'elles sont des
dénominations qualificatives de l'état progressif de la matière élémentaire. »
(*Cosmogonie de la révél.,* p. 6, 7, 14 et suiv.)

instruction aussi profonde que celle de notre siècle, ou qu'il était inspiré ; » et, avec le célèbre Linnée, que Moïse n'a écrit et n'a pu écrire que sous l'inspiration de l'Auteur de la nature, *neutiquam suo ingenio, sed altiori ductu*. Nous dirons alors qu'il est physiquement démontré que Moïse écrivait sous la dictée du Dieu des sciences (*Deus scientiarum Dominus est*), qui a donné à résoudre aux savants, en la personne de Job, un problème dont la solution, après quarante siècles de recherches et de labeur, laisse encore tant à désirer : « Je vais t'interroger : Dis-« moi : Quel est le mode de propagation de la lumière ? « *Interrogabo te, et responde mihi : Per quam viam spar-* « *gitur lux ?* » (*Cosmog. de la révél.*, p. 36 et suiv.)

Mais M. Debreyne poursuit en ces termes :

« On dirait que les découvertes d'Herschell ont aveu-glé tout le monde : il n'y a plus de place dans la science que pour les nébuleuses.

« Dans le système que nous examinons, on pousse la parité de la matière chaotique avec celle des nébuleuses, jusqu'à vouloir que la création racontée par Moïse se soit passée de la même manière que ce qu'on suppose avoir lieu dans les nébuleuses d'aujourd'hui. Et comme elles mettent des siècles dans les moindres changements de forme, on a été obligé de donner aux jours génésiaques des millions d'années de durée. Aussi, MM. Ampère, Becquerel, Marcel de Serres et Godefroy, admettent-ils les *époques* indéterminées. C'est la conséquence de la première erreur. » (*Théor. bibl.*, p. 21, 23.)

Il ne faudrait pas s'imaginer que l'admission des

époques indéterminées date de ces découvertes d'Herschell. M. Godefroy, qui a donné à cette explication *ancienne* tous les développements que comportait l'importance de la question, répète avec les docteurs de l'Église qu'il nous est absolument impossible d'apprécier la nature ou de déterminer la durée des temps de la création, ou des jours génésiaques qui ont précédé l'époque actuelle, *illum diem, vel illos dies, qui ejus repetitione numerati sunt, in hâc nostrâ mortalitate terrenâ experiri ac sentire non possumus;* que nous savons seulement, d'une certitude qui exclut jusqu'au moindre doute, *minimè dubitemus,* que les jours énumérés dans la Genèse ont été entièrement différents, *longè aliter,* des jours qui composent, dans la période actuelle, les semaines, les mois et les années, enfin tout à fait dissemblables aux jours que nous connaissons, *non eos illis (qui agunt hebdomadam) similes, sed multùm impares minimè dubitemus.* Il répète avec les saints Pères et avec les docteurs de l'Église, que ces jours de la Genèse sont autant d'ordres d'origine et de nature, et non de temps ou de durée qu'il nous soit possible de mesurer, *non durationis ordinem, sed solùm originis et naturæ,* autant d'ordres d'exécution des lois imposées par la volonté divine à la matière de la création. *rerum omnium occasiones, causas et potestates à Deo confectas;* et que, si l'ordre actuel des choses n'existe que depuis six ou sept mille ans, cet ordre des choses de notre monde a été précédé de siècles, de temps, comparables seulement aux siècles ou aux temps de l'éternité : *Sex millia necdùm nostri orbis implentur anni, et quantas priùs æternitates, quanta tempora, quantas seculorum origines fuisse arbitrandum est.*

Puis M. Godefroy fait voir que, chez les prophètes de la loi ancienne, le septième jour est un jour sans limite ; que le jour qui a succédé aux six jours de la création est le jour actuel, le jour qui se continue, qui se poursuit, le jour enfin dont l'homme est mis en possession. Il fait voir que, chez ces prophètes, les temps du règne du Messie constituent un jour unique, *dies una,* non un jour composé de jour et de nuit, *non dies neque nox,* mais un jour toujours ouvert, pendant toute la durée duquel le Seigneur régnera sur toute la terre dont il sera le seul Dieu, et où son saint nom sera seul adoré : *Et erit Deus rex super omnem terram in die illà, erit Dominus unus et erit nomen ejus unum ;* pendant toute la durée duquel son sépulcre sera glorifié et sa croix invoquée : *In die illà, stat in signum populorum, ipsum gentes deprecabuntur, et erit sepulcrum ejus gloriosum, et erit in die illà.*

« C'est ce jour, expose encore l'auteur, c'est ce jour, *diem meum,* qui luit sur nos têtes depuis dix-huit siècles, qu'Abraham a désiré voir et qu'Abraham a vu ; et le premier homme a vu la première lueur de ce jour dans la promesse d'un rédempteur, à lui faite à la naissance de ce septième jour sanctifié par cette promesse, et dont notre septième jour hebdomadaire est le signe représentatif , de même que nos six jours sont les commémoratifs perpétuels des six jours qui ont précédé l'ordre actuel, qui ont précédé le jour de la révélation faite à l'homme prévaricateur, à Adam, à Abraham, à tous les Patriarches, le jour qu'avec Abraham et tous les Patriarches nous nous réjouissons de voir, *vidit et gavisus est*, ce jour enfin que l'Homme-Dieu a appelé son jour : *Diem meum.* »

Enfin, après avoir rappelé que les savants du siècle reconnaissent que « les six jours de la créa-« tion ne sont que les six mutations par où passa la « matière pour former l'univers tel que nous le « voyons aujourd'hui ; » que « nous n'avons aucun « moyen d'apprécier la durée des époques dont il « s'agit ; » que « c'est un calcul de même nature « que celui de la distance des étoiles à la terre, » M. Godefroy constate que ces savants du siècle ne font que reproduire et les propres expressions de Moïse, qui appelle ces jours de la création les générations du ciel et de la terre au temps de leur formation , *istæ sunt generationes cæli et terræ quandò creata sunt, in die quo fecit Dominus Deus cælum et terram,* et les expressions des autres prophètes qui nomment ces mêmes jours un temps éternel , *præparavit terram in æterno tempore.* (Voy. *Cosmogonie de la révél.*, p. 41-50.)

Dans la *Doctrine nouvelle,* ces générations du ciel et de la terre sont des jours de vingt-quatre heures ou environ, absolument semblables, au moins quant à leur durée, à nos jours soit civils soit astronomiques. (*Théor. bibl.*, p. 209.)

Libre à M. Debreyne de voir des jours artificiels dans ces jours ou ces générations génésiaques, « que Bossuet, dans l'impuissance où il se trouve d'en spécifier la nature, désigne par le nom de *progrès.* » (*Cosmog. de la révél.* p. 50). Mais il n'était pas libre à M. Debreyne de voir, *dans le système qu'il examine*, une parité quelconque entre les phases de la création racontée par Moïse, et ce qui aurait encore lieu aujourd'hui dans les nébuleuses. Dans sa théorie *ad hoc*, dans sa théorie des comètes et des nébuleuses, M. Godefroy établit, au contraire, que leur formation est antérieure à la formation du soleil, et très-probablement antérieure à la formation de tous les soleils et de toutes les étoiles. Il soutient que sorties les premières du chaos universel et formées aux limites des systèmes généraux de la création, comme les comètes se sont formées vers les confins de notre système planétaire, les nébuleuses sont encore, à des degrés différents, dans leur premier état de formation. Il enseigne que leur état *stationnaire* provient d'une différence de nature ou de forme dans les éléments qui les constituent ; que cet état stationnaire dérive de leur homogénéité ou de la parité de leurs molécules élémentaires ; que cette condition, qui est la condition de nos comètes (1), est aussi la condition

____

(1) « Quelques-uns de ces corps atmosphériques ont paru se coordonner à notre système. Mais sans cesse déviés dans leur course, ils sont entraînés

des nébuleuses, comme elle est infailliblement la condition de ces zones atmosphériques qui réfléchissent dans nos espaces planétaires la lumière dite zodiacale. (Voy. *Cosmog. de la révél.*, p. 142-152.)

Telle est la doctrine du cosmogoniste que M. Debreyne accuse de s'être laissé aveugler par les découvertes d'Herschell.

Autre objection :

« Une autre erreur qui découle de la première, c'est qu'on a dû admettre un principe animateur quelconque de la matière diffuse avant l'agent universel de la vie, c'est-à-dire la lumière-force. Pour M. Godefroy, ce principe, c'est le calorique. Il le fait venir on ne sait d'où ; il établit tout exprès pour lui un mode d'action particulier, sans prendre la peine d'en donner des preuves ; et enfin il le fait monter peu à peu à la surface de l'abîme, où il produit la lumière, parce que les astronomes ont cru observer que la photosphère solaire n'était lumineuse qu'à la surface, et que les nébuleuses offraient elles-mêmes une pellicule lumineuse. Il est vraiment incroyable comment des auteurs, d'ailleurs estimables, ont construit des systèmes cosmogoniques avec les idées les plus incertaines et souvent les plus disparates, comme si des phrases et des mots pouvaient

dans des ellipses dont les éléments changent ou peuvent changer à chaque instant d'une manière prodigieuse ; témoin la comète de 1770 dont l'orbite elliptique, correspondant d'abord à une révolution de 50 années, fut réduite à une orbite de 5 ans et demi par l'attraction de Jupiter, puis changée de nouveau par cette même attraction en une ellipse qui répond à 20 années de révolution autour du soleil, sans que son passage à travers les satellites de cette planète eût apporté le moindre changement dans leurs mouvements, autre preuve de l'extrême petitesse de la masse des comètes, ou de la volatilité de leurs éléments. » (*Cosmog. de la révél.*, p. 150.)

constituer une science quelconque.» (*Théor. bibl.*, p. 24.)

C'est-à-dire que le calorique est pour M. Godefroy ce que la lumière-force, qu'elle soit l'action de Dieu ou toute autre action, est pour M. Debreyne. C'est-à-dire encore que le mode d'action que M. Godefroy établit pour le calorique est le mode d'action établi par tous les habiles dans la science de la nature, et que ses données sur la constitution du soleil et des nébuleuses sont purement et simplement les résultats des découvertes les plus précises des astronomes, et des expériences les plus décisives des physiciens.

M. Debreyne fait profession de croire que « dans l'état primitif de la création, avant le premier jour génésiaque, la matière et l'espace *confondus* offraient un aspect semblable à celui d'un immense océan, » et que « la matière chaotique n'était ni un fluide, ni un liquide, ni un solide. » (*Ibid.*, p. 3, 12.) Mais M. Godefroy qui ne peut concevoir que la matière n'ait été créée sous aucune des trois formes que nous lui connaissons, et que l'espace ait jamais été confondu avec la matière, M. Godefroy est obligé d'admettre l'existence d'un principe antérieur à la production de la lumière ou à sa manifestation. Et ce principe, il l'appelle, avec tous les savants du jour, « la puissance universelle que la nature emploie dans toutes ses opérations, » « le principe invisible dont la matérialité est un mystère à jamais impénétrable, » « l'agent des phénomènes de la

« vitalité, » « le principe vital des corps bruts,
« l'organe de la nature sensitive, » « l'agent dont
« l'action sur les corps de l'univers est aussi géné-
« rale que continue; » reconnaissant avec eux, que
« l'état solide, l'état liquide et l'état gazeux ou aéri-
« forme sont des accidents qui dépendent tout à fait
« de la chaleur. »

Ce principe antérieur à la production de la lumière, ce principe animateur de la matière, il
l'avait appelé, avec les saints Pères et les docteurs
de l'Église, une créature vivifiante, *vitalem creatu-*
ram, un agent universel qui pénètre et anime tous
les corps, *quâ universus visibilis mundus atque*
omnia corpora continentur et moventur, un élément
générateur que Dieu a revêtu d'une certaine puissance pour l'exercer, conformément à ses desseins,
sur tout le domaine de la création, *cui Deus omni-*
potens tribuit vim quamdam sibi serviendi ad ope-
randum in iis quæ gignuntur; répétant avec eux
que cet esprit ou ce principe invisible, étant le plus
parfait de tous les éléments par sa propre nature ou
par une essence supérieure à celle des créatures
visibles, a pu être appelé avec raison Esprit de Dieu,
SPIRITUS DEI, *qui spiritus, cùm sit omni corpore*
æthereo melior, non absurdè Spiritus Dei dicitur.

« Tel est, continue M. Godefroy, le principe mystérieux que Moïse nous représente comme dominant sur
toute la masse moléculaire que le Créateur venait de tirer du néant, et que dans son langage profondément

philosophique il appelle ESPRIT DE DIEU : « *Tenebræ*
« *erant super faciem abyssi , et Spiritus Dei fereba-*
« *tur* (1) *super aquas.* »

«Le premier jour, la terre encore confondue avec tout
le reste de la matière dans l'abîme universel, *cùm in
confuso adhuc esset cœli et terræ materia,* est à l'état de
gaz, à l'état de vapeur, ou à l'état de matière élémentaire : c'est l'idée que réveillent en nous ces mots de
matière vide et vaine, invisible et incomposée, de matière divisée jusqu'à être impalpable, jusqu'à l'annihilation (2) ; et l'abîme de la création est encore vide de
lumière : *Quid erat adesse tenebras, nisi abesse lucem?*
Cependant ces vapeurs éminemment subtiles, ces gaz,
d'abord rares et diffus, se contractent et se condensent
par l'effet du dégagement naturel et progressif du calorique, et deviennent ainsi des fluides de plus en plus
condensés, à mesure que ce principe calorifique se
porte plus abondamment à la surface, où bientôt il va
remplacer les ténèbres en devenant lumineux à un certain
degré d'accumulation : LES TÉNÈBRES ÉTAIENT SUR LA
SURFACE DE L'ABÎME, *super itaque erant tenebræ, quia super
lux aberat;* MAIS L'ESPRIT DE DIEU SE PORTAIT AU-DESSUS DE
CES EAUX PRINCIPES, sur ces fluides condensés, désormais désignés sous le nom d'eaux. C'est le moment précis assigné par la Genèse à la manifestation de la lumière : « Et

____

(1) « Les anciens docteurs, et S. Jérôme lui-même, nous avertissent que
le *ferebatur* de la Vulgate ne rend pas toute la force de l'original, que le
terme hébreu répond à celui de *involitabat super,* S'ENVOLAIT AU-DESSUS,
se librabat super, S'AGITAIT, VIBRAIT A LA SURFACE.» (*Ibid.*, p. 20.)

(2) « *Vide et vaine,* selon la Vulgate; *invisible et incomposée,* dans la
Version des Septante; *divisée jusqu'à être impalpable, jusqu'à l'annihi-
lation ,* dans la Version samaritaine, qui est l'ancien texte hébreu. »
(*Ibid.*, p. 6.)

« Dieu dit : Que la lumière soit, et la lumière fut :
« *Dixitque Deus : Fiat lux, et facta est lux.* »

« Alors aussi et seulement alors apparaît la parole de
Dieu : Dixitque Deus : *Fiat lux.* Langage solennel et tout
divin, mais langage significatif, parce que la lumière est
le premier produit de la création, la première manifestation de la Sagesse créatrice (1).

« C'est alors aussi que Dieu donne sa première sanction
à son ouvrage : « *Et vidit Deus lucem quòd esset bona.* »
Puis il sépare la lumière des ténèbres : « *Et divisit lu-*
« *cem à tenebris*; » séparation physique et réelle dont nous
apprécierons les effets et tous les merveilleux résultats
dans la contemplation de l'œuvre complémentaire de la
cosmogonie génésiaque.

« Cet ordre de création si éloigné de nos idées et de
nos conceptions, cette suite méthodique d'opérations
successives si longtemps inintelligible, se trouve mer-
veilleusement d'accord avec des faits qui ne devaient
être connus que dans notre siècle !

« Bientôt nous verrons qu'il est écrit dans le livre de
la nature, aussi bien que dans le livre de l'Auteur de la
nature, que le calorique, en se dégageant de la matière
gazeuse de la création, se portait à la surface, et que la
lumière n'apparut dans le champ de la création qu'après
que cet esprit de Dieu se fut répandu *sur les eaux*, sur
l'abîme déjà plus condensé du premier jour. Bientôt les
astronomes et les physiciens nous apprendront que tous
les ouvrages de la nature témoignent de ces magnifiques
dispositions de la Sagesse divine dans l'organisation des

(1) « La parole de Dieu, c'est sa sagesse ; et la sagesse commence à pa-
« raitre avec l'ordre, la distinction et la beauté ; la création du fond appar-
« tenait plutôt à la puissance. » (BOSSUET. Voy. *Cosmog. de la révél.*,
p. 33.)

mondes. Nous comprendrons alors tout le sens de ces expressions significatives : *Les ténèbres étaient sur la face de l'abîme, mais l'esprit de Dieu se portait sur les eaux, et la lumière fut.*» (*Cosmogonie de la révél.*, p. 22 et suiv., et p. 33, 34.)

Mais ce principe unique et universel de la dilatation des corps, désigné chez tous nos savants sous le nom de calorique latent, et appelé par Moïse esprit de Dieu, M. Debreyne en fait un principe de cohésion et de condensation. Dans la *Doctrine nouvelle,* « le calorique latent n'est pas autre chose que la force luminique qui retient plus ou moins fortement toutes les molécules des corps à l'état de combinaison. » Dans l'œuvre de régénération scientifique de M. Debreyne, « cette force, devenue principe de cohésion, est plus grande dans les solides que dans les liquides, et dans ceux-ci plus que dans les gaz ; elle est aussi plus grande dans les solides qui sont denses. » (*Théor. bibl.*, p. 34, 35.)

Orientés aussi différemment, il n'était plus possible aux deux cosmogonites de se rencontrer. Aussi M. Debreyne arrive-t-il à cette autre formule dogmatique, précédée et suivie de ces considérations analogiques :

« Le premier pas à faire dans cette voie (dans la recherche de l'organisme de la matière), c'est d'adopter le grand principe de l'unité biblique. « L'univers, dit « M. Godefroy, est l'expression d'une pensée unique : « *Creavit omnia simul ;* mais, dans cet univers créé d'un

« seul jet, toutes les choses ont été ordonnées successive-
« ment par la parole de Dieu : *Sed omnia in mensurâ*
« *et numero et pondere disposuisti.* » Malheureusement,
M. Godefroy abandonne dès le commencement cette unité
qu'il reconnaît néanmoins pour un guide assuré. Nous
avons signalé sa première erreur sur le principe calorifique, nous allons en noter d'autres.

« Quand donc le Tout-Puissant voulut organiser la
matière, il ordonna à la lumière de jaillir du sein des
ténèbres. Voilà l'effet de la loi unique qui régit l'univers
ou plutôt de l'action de Dieu sur l'univers. Aussitôt chaque atome est doué de la vie minérale, c'est-à-dire d'attraction et de répulsion, l'un plus, l'autre moins, chacun
suivant sa capacité pour la force vitale universelle.

« M. Godefroy a beau entasser phrases sur phrases,
citations sur citations, il ne fera jamais que le *firmamen-*
tum soit l'attraction créée le second jour, et indépendante
de la lumière du premier jour ; et nous ne voyons pas
sur quoi il se fonde pour critiquer MM. Marcel de Serres
et Chaubard qui prennent le *firmamentum*, l'un pour
l'espace, l'autre pour *l'étendue*, purement et simplement.
Si nous étions réduits à choisir entre ces trois opinions,
nous adopterions, sans balancer, celle du savant professeur de Montpellier. Mais l'unité de l'agent biblique
nous place au-dessus de toutes les difficultés. » (*Théor.*
bibl., p. 71, 75.)

Ces phrases et ces citations *entassées* ont besoin
d'êtres reproduites ici pour l'intelligence de ce qui
précède et de ce qui va suivre :

« Dans les fastes de la science humaine, comme dans le

récit de la révélation divine, un mot présente d'un seul trait l'ensemble de tous les faits du système céleste. Si nous interrogeons les savants, ils nous diront qu'une même force constitue l'essence de tous les corps, produit la stabilité de tous les êtres, attache et resserre la matière de tous les globes, lie toutes les sphères entre elles, et les retient chacune dans sa forme spéciale. Ils nous diront que, semblable à une chaine immense, cette puissance indéfinie s'étend à toute l'immensité de l'espace, qu'elle embrasse toutes les parties de la matière, que par elle enfin tout est lié, coordonné, et mis en harmonie avec une sagesse, une régularité et une constance qui n'appartiennent qu'à Dieu même.

> « Dieu parle, et le chaos se dissipe à sa voix,
> « Vers un centre commun tout gravite à la fois.
> « Ce ressort si puissant, l'âme de la nature,
> « Était enseveli dans une nuit obscure ;
> « Le compas de Newton, mesurant l'univers,
> « Lève enfin ce grand voile, et les cieux sont ouverts. »

« Telle est la force mystérieuse que la science humaine désigne par le nom d'attraction, de pesanteur, de force centripète, de gravitation universelle ; et que, dans son religieux enthousiasme, elle proclame « le chef-d'œuvre « de l'intelligence créatrice, et l'objet éternel de l'admi- « ration des anges et des hommes. »

« Mais cette force inconnue qui préside à l'organisation du ciel, cette *force qui sert de lien et de support à tout l'univers matériel*, le Livre divin l'avait appelée *ce qui affermit, ce qui consolide, ce qui solidifie*, ou simplement FIRMAMENT, *firmamentum*.

« Le *fiat* de la toute-puissance créatrice est prononcé : *Fiat firmamentum in medio aquarum* ; et dès lors, le nom

qui résume toutes les merveilles de la création, le nom
de CIEL est donné au produit de cette force *effectrice* et
conservatrice de toutes choses, au produit de cette cause
efficiente et toujours active de la structure de l'univers
matériel : *Et factum est ita, vocavitque Deus firmamentum cœlum.*

« En rendant le mot latin *firmamentum* par celui de
firmament, tous les commentateurs ou interprètes ont eu
soin de s'expliquer sur la signification primitive de ce
mot FIRMAMENT, *firmamentum*, en grec στερέωμα, et en
hébreu *rakia*, et tous l'ont entendu, avec les Anciens,
d'une force solidifiante, comme exprimant une solidité
réelle, *propter firmitatem*. Fuller et Leclerc, cités par
dom Calmet, opposent à une interprétation hasardée, et
alors toute nouvelle, que le terme hébreu *Raka* signifie
toujours AFFERMIR, SERRER, COMPRIMER ; puis dom Calmet
fait observer qu'en effet « c'est la signification de ce terme
en hébreu ou en syriaque, et que les Septante et saint
Jérôme ont eu en vue cette signification en traduisant,
les uns, στερέωμα, et l'autre, *firmamentum*, » CE QUI AF-
FERMIT, CE QUI CONSOLIDE, CE QUI SOLIDIFIE ; car telle est la
propre et véritable signification de l'expression grec-
que (1) pareillement calquée sur l'original (2). Cette expression employée au figuré a encore la même signification : elle signifie encore ferme appui, affermissement,
consistance, solidité : *Moraliter firmamentum est firmitas
et constantia animæ in Deo et cœlis defixæ* (3).

(1) « στερέωμα de στερέω, rendre solide, consolider, solidifier. *Firmamentum* de *firmare*, rendre solide, etc. »

(2) « *Firmamentum* hebraicè vocatur *rakia*, cujus radix *raka* significat
firmare ac solidare rem aliquam quæ priùs fluida erat et rara. »

(3) « De là ces locutions si communes dans tous les livres de l'Ancien

« Les modernes qui ont essayé de détourner le véritable sens de ce mot, pour lui en donner un autre plus en harmonie avec leur manière de voir, reviennent eux-mêmes à cette signification primitive, obligés qu'ils sont de convenir que le *firmamentum* de l'hébreu n'a jamais servi à exprimer que le fait ou le résultat de la consolidation et de la solidification.

« Ainsi, M. Marcel de Serres, qui ne veut voir dans le firmament du deuxième jour qu'une *matière rare, subtile, éminemment légère et déliée* (1), afin de pouvoir faire de cette seconde opération de la Sagesse créatrice la forma-

---

et du Nouveau Testament : *Factus est Dominus firmamentum meum ; Firmamentum est Dominus timentibus eum ; Firmamentum meum et refugium meum es tu ; In tempore casús sui inveniet firmamentum ; in die agnitionis invenies firmamentum ; Protector potentiæ, firmamentum virtutis.*

« Dans ces autres passages des Livres saints, ceux qui viennent se joindre à Israël, ou aux nations, pour fortifier l'un ou l'autre parti, sont appelés le firmament d'Israël, le firmament des nations : *Additi sunt ad eos, et facti sunt illis ad firmamentum ; Et quærebant eis mala semper, et firmamentum gentium.*

« Ce nom de firmament est encore donné à ce qui constitue le pain ; ce qui fait la consistance du pain est appelé le FIRMAMENT DU PAIN : il a détruit ce qui fait toute la consistance du pain, TRITURÉ TOUT LE FIRMAMENT DU PAIN : *Et vocavit famem super terram, et omne firmamentum panis contrivit.*

« Dans le Nouveau Testament, le grand Apôtre se réjouit en voyant la solidité, la fermeté ou le *firmament* de la foi des nouveaux chrétiens : *Gaudens et videns ordinem vestrum, et firmamentum ejus quæ in Christo est, fidei vestræ,* et il nous représente l'Église du Dieu vivant comme la colonne et le centre, ou LE FIRMAMENT DE LA VÉRITÉ, *columna et firmamentum veritatis.* » (*Ibid.*, p. 54.)

(1) Il est de fait que M. Marcel de Serres ne prend pas le *firmamentum* pour l'espace purement et simplement, comme le dit M. Debreyne, mais bien avec ce correctif : « Comme l'espace ne peut être considéré comme absolument vide, cette expression indique une matière rare, subtile, éminemment légère et déliée.» (*De la Cosmogonie de Moïse comparée aux faits géolog.*, p. 62.)

tion de l'éther et de notre atmosphère, reconnaît pourtant
que le mot hébreu *rakia*, de même que le *firmamentum*
des Latins, a une signification toute différente. Forcé par
l'évidence à cet aveu, voici comment il réclame, en faveur de son interprétation, le sens naturel et grammati-
cal de l'expression biblique :

« La matière éthérée soutenant en quelque sorte les
« corps célestes qui ne peuvent la pénétrer, tandis qu'elle
« cède aux efforts des corps légers et se combine même
« avec ceux qui sont aériformes, peut, ce semble, être
« appelée *solide et ferme*, en un mot, *firmament*. »

« Ces prémisses posées, il en fait sortir ce qui suit :

« Lorsqu'elle (l'expression *rakia*) se rapporte à la terre,
« elle s'applique à l'atmosphère qui l'environne ; si, au
« contraire, elle comprend l'ensemble des corps cé-
« lestes, elle désigne pour lors la matière éthérée, fluide
« immense dans lequel roulent ces corps ; » datant
ainsi la formation de notre atmosphère du même jour et
du même instant que la formation de l'éther, alors que
fut prononcé le *fiat firmamentum* du deuxième jour.

« Cependant l'auteur du nouveau symbole veut que
« l'on considère le système de l'univers, dont le soleil et
« les étoiles font partie, comme créé avant la terre. »

« Le soleil et les étoiles auraient-ils donc été créés
avant la *matière qui soutient les corps célestes*, antérieurement à l'existence de cette matière *éminemment légère et
déliée*, ou de ce *solide et ferme*, de ce *firmament* du deuxième jour? C'est ce qu'il faut bien se décider à admettre, à
moins, toutefois, qu'on n'aime mieux considérer la partie de ce *solide et ferme* qui compose notre atmosphère,
comme créée aussi avant la terre. Cette dernière combinaison pourrait avoir l'avantage de faire rentrer notre

atmosphère dans *le système de l'univers*, dont il n'y aurait plus d'exclus que nos mers et nos continents.

« Cette physique de nouvelle espèce que l'on prête à Moïse, on ne la lui prête que parce que l'on n'a compris ni le sens ni la haute portée philosophique des sublimes expressions de la Genèse, parce que l'on a cherché à dénaturer le sens d'une expression qui désigne, avec autant d'exactitude que de précision, la force mystérieuse qui sert de fondement à l'harmonie de l'univers.

« Mais on a voulu s'étayer de l'autorité de nos Livres saints. Pour justifier la nouvelle interprétation, *le savant professeur de Montpellier* enseigne « qu'il est dit dans « le livre de Job, que les étoiles louaient Dieu lorsque « la terre fut créée. » C'est une autre erreur contre laquelle nous devons encore protester dans l'intérêt de la vérité. Le livre de Job, non plus qu'aucun autre livre de l'Écriture, ne fait mention de cette particularité ; et c'est véritablement la première fois que nous lisons que *le système de l'univers fut créé avant la terre.*

« Quant à ces quelques autres écrivains modernes qui ont imaginé de rendre l'expression biblique par *étendue*, *espace*, il suffit de leur répondre avec le poète :

« L'espace qui de Dieu comprend l'immensité,
« Voit rouler dans son sein l'univers limité,
« Cet univers si vaste à notre faible vue,
« Et qui n'est qu'un atome, un point dans l'étendue. »

« Diront-ils que l'univers roulait dans l'espace, avant qu'il y eût un espace, avant que Dieu eût fait l'étendue?

« Pour nous, nous appuyant sur le texte primitif, sur

la traduction des Septante, sur toutes les versions anciennes et sur presque toutes les versions modernes,
nous entendons ces expressions de la Genèse, *fiat firmamentum in medio aquarum, et factum est ita firmamentum cœlum*, nous entendons ces expressions, d'une force
centrale imprimée à la matière fluide de la création
et de l'universalité des phénomènes qui en sont résultés.
Et, ce que nous entendons, nous l'exprimons ainsi :

« Qu'il y ait FAISANT-TENIR-FERME AU CENTRE, *firmamentum in medio ;* qu'il y ait une force centrale qui affer-
misse, qui condense les eaux de l'abîme, et qu'en les
condensant elle les divise, *fiat firmamentum in medio
aquarum, et dividat aquas ab aquis ;* et Dieu donna au
firmament, mais au firmament AINSI FAIT, *factum est ita*,
au résultat de l'opération du firmament, ou à l'abîme
du premier jour ainsi condensé et divisé, le nom générique de ciel : *Et factum est ita, vocavitque Deus firmamentum cœlum.*

« C'est-à-dire que la matière fluide de la création,
placée sous l'influence de la force centrale, se condensait et se consolidait, et que, par le fait même de cette
condensation, ces eaux de l'abîme unique du premier
jour se divisaient en agglomérations distinctes, en abîmes
distincts et séparés, pour constituer le ciel ou les divers
systèmes célestes. Et c'est ainsi que, dans cette autre
description que nous font les Livres saints de cette PRÉ-
PARATION DES CIEUX, *quando præparabat cœlos*, les eaux
de l'abîme sont divisées en ABÎMES DISTINCTS, *vallabat
abyssos*, et chacun d'eux, soumis à une loi invariable,
A UNE LOI INDÉLÉBILE, *certá lege*, revêt UNE FORME CIRCU-
LAIRE, *et gyro*, ou acquiert UN MOUVEMENT GIRATOIRE, *certá
lege et gyro vallabat abyssos.*

« En prenant le mot FIRMAMENT, *firmamentum*, dans sa véritable acception, dans son acception étymologique et grammaticale, et en entendant ces expressions du texte, *et factum est firmamentum cœlum*, dans leur sens propre et naturel, nous nous rencontrons avec tous les écrivains sacrés qui sont venus après Moïse ; car tous nous répètent que les cieux ont été AFFERMIS par la parole du Seigneur, *verbo Domini cœli firmati sunt;* que Dieu A CONSOLIDÉ les cieux, *Deus stabilivit cœlos;* que celui qui a formé les cieux les a rendus TRÈS-SOLIDES, *solidissimi*, AUSSI SOLIDES QUE S'ILS ÉTAIENT D'AIRAIN : *Tu forsitan cum eo fabricatus es cœlos, qui solidissimi quasi œre fusi sunt*, etc. » (*Cosmog. de la révél.*, p. 52 et suiv.)

Voilà sur quoi M. Godefroy se fonde pour critiquer MM. Marcel de Serres et Chaubard, qui prennent le *firmamentum*, l'un pour *l'espace*, l'autre pour *l'étendue*. Mais voici apparemment sur quoi M. Debreyne se fonde pour reprocher à M. Godefroy d'abandonner le grand principe de l'unité, en faisant de cette opération du second jour une CRÉATION de l'attraction, et une création indépendante de l'opération du premier jour :

« Nous avons vu, dans l'examen de l'œuvre du premier jour, que les expressions du texte sacré ne portent pas que Dieu créa la lumière, mais seulement qu'il lui ordonna de paraître. Cette observation s'applique également à l'œuvre du deuxième jour. De même que ce qui constitue la lumière était uni et confondu avec tous les éléments des choses matérielles dans l'abîme unique du premier jour ; de même aussi le principe de cette

autre force mystérieuse, que le Créateur allait faire servir à l'exécution de ses desseins, résidait dans chacun de
ces mêmes éléments dès le premier instant de la création
de la matière. Mais cette force ne pouvait se manifester
par ses effets, dominée qu'elle était par la toute-puissance
du principe calorique qui régissait, au commencement,
tout le domaine de la création.

« Cependant le calorique se dégage de la masse moléculaire pour se porter à la surface de cette masse fluide ; et
bientôt ce principe universel devient lumineux. Alors
prédomine l'influence du principe attractif. La matière
gazeuse de la création se contracte, puis se divise, par
l'effet même de cette contraction, en amas divers, en
agglomérations distinctes ; et ces agglomérations distinctes, désormais sous l'empire de la force centrale, sont
toutes comprises sous un seul et même nom qui devient
le nom synthétique de la création tout entiere, désignée
le premier jour sous celui de chaos ou d'abîme : *Vocavitque Deus firmamentum cœlum.*

« Les cieux ont été faits firmament par la parole du
Seigneur : *Verbo Domini cœli firmati sunt.* Le Seigneur a
mis sa parole dans la bouche de son fils, sa parfaite
image, pour qu'il enracinât les cieux : *Posui verba mea in
ore tuo ut plantes cœlos.* Et l'effet opérant de cette parole
du Seigneur, cet effet opérant qu'Esdras appelle le principe du ciel ou l'esprit du firmament, *spiritum firmamenti*, l'auteur du livre de Job l'avait appelé la raison
des cieux, *cœlorum rationem*, et son effet opéré il l'appelle l'harmonie de l'univers, l'ensemble du ciel, *concentum cœli.*

« C'est ainsi que l'effet opérant de cette parole, *l'appui
et le soutien de tous les êtres et par laquelle Dieu porte le*

monde, selon l'énergique définition de Bossuet, est devenu la pierre angulaire de toute la création, la force qui sert de lien et de support à tout l'univers matériel; et que son effet opéré est cet univers matériel, *ouvrage*, explique le même auteur, *de la sagesse de Dieu assistante et coopérante avec sa puissance*(1). Car le terme scientifique *attrac-*

(1) « Les interprètes modernes n'ont pas toujours saisi avec le même bonheur cette différence éminemment caractéristique entre l'œuvre de la Puissance créatrice et l'œuvre de la Sagesse ordonnatrice ; et ici nous entendons parler tout aussi bien des théologiens que des savants du siècle.

« Souvent aussi il arrive que ces auteurs ne font pas attention que toutes les opérations de la parole ou de la Sagesse divine portent sur la matière CRÉÉE, sur le fond CRÉÉ au commencement, avant tous les temps, puis FAIT et FORMÉ dans le temps, pendant les jours génésiaques, par le Verbe ou par la parole de Dieu. Car ce n'est pas seulement la parole de Dieu qui commence à paraître avec l'ordre, la distinction et la beauté, mais encore et en même temps la substitution du verbe FAIRE, FORMER, DISPOSER, au verbe CRÉER, TIRER DU NÉANT : CREAVIT *omnia simul, sed omnia in mensurâ et numero et pondere* DISPOSUISTI.

« Ces interprètes n'ont pas considéré que quand il s'agit ou que quand il est question des opérations de la parole ou de la Sagesse divine, l'Écriture emploie toujours le verbe *faire, produire* au moyen d'une matière déjà existante, et qu'elle ne se sert du verbe *créer* que pour exprimer l'opération de la Puissance créatrice ; différence si bien établie et distinction si bien marquée par l'auteur de la Genèse.

« Nous leur dirons donc avec Bacon :

« Dans les œuvres de la création, nous voyons une double émanation de « la vertu ou force divine, dont l'une se rapporte à la puissance et l'autre à « la sagesse. La première se fait particulièrement remarquer dans la créa-« tion de la matière, et la seconde dans la beauté de la forme dont la ma-« tière fut ensuite revêtue. Lorsque l'Écriture parle de la création de la « matière, elle ne nous apprend pas que Dieu ait dit que le ciel et la terre se « fassent, *fiat cœlum et terra;* manière de parler qu'il emploie pour les « œuvres suivantes. Ainsi, pendant que la création de la matière se pré-« sente comme l'œuvre pure de la main, l'introduction de la forme dans la « matière porte le caractère d'une loi ou d'un décret.»

« Mais nous devons dire encore de ces interprètes ce que le père de la véritable philosophie disait des philosophes grecs : « Leur tort est de n'avoir « pas considéré qu'entre les effets et Dieu il existe un intermédiaire, une « loi sommaire et universelle qui est comme le centre et le régulateur de « toute la nature, et que Dieu, en quelque sorte, a substituée à lui-même. »

« Cette loi ou ce décret, que Bacon appelle « la vertu primitive et unique qui

tion, *gravitation*, etc., n'est que l'expression d'un fait dont il faut chercher la cause ailleurs. Quelle est cette cause? quelle est la nature de cette force universelle? quel est son mode d'action? Ces questions ne sont pas du domaine de la physique. On a essayé de dire que l'attraction était le résultat de l'impulsion d'un fluide; mais il est démontré que la vitesse de ce fluide mystérieux ne pour-

« fait et forme tout de la matière, la loi sommaire de la nature, la force que « Dieu a imprimée aux premières particules pour leur rassemblement, et « qui, par la répétition et la multitude des rassemblements, a produit tou-« tes les choses diverses qui remplissent l'univers, » cette loi universelle a été promulguée le deuxième jour de la création, immédiatement après la manifestation de la lumière : *Fiat firmamentum*. Cette LOI SOMMAIRE DE LA NATURE a été promulguée APRÈS la manifestation de la lumière, parce que la lumière procède d'un principe encore antérieur et tout à fait distinct ; parce que la lumière n'est pas régie par LA VERTU QUI FAIT ET FORME TOUT DE LA MATIÈRE ; parce que la lumière est soumise à un principe plus mystérieux encore, que la science, dans l'impuissance où elle se trouve d'en spécifier autrement le caractère tout différentiel, appelle la loi des fluides IMPONDÉRABLES , mais que l'historien de la création a appelé l'ESPRIT DE DIEU, *spiritus Dei*.

« Or, cette loi ou ce décret, promulgué le deuxième jour, reçut son exécution ce même jour : L'INTRODUCTION DE LA FORME DANS LA MATIÈRE date de ce deuxième jour de la création ; et le produit de cette FORCE IMPRIMÉE AUX PREMIÈRES PARTICULES POUR LEUR RASSEMBLEMENT fut l'univers matériel, désigné ce deuxième jour sous le nom générique et symbolique de *ciel du firmament*, du nom de sa cause efficiente, et du nom de sa matière constituante, comme nous allons l'apprendre.

« Si Voltaire a pu dire, dans son éloge de Bacon, que « on voit dans son « livre, en termes exprès, cette attraction nouvelle dont M. Newton passe pour « l'inventeur, » nous pouvons bien dire aussi qu'on voit dans le livre de Moïse cette attraction nouvelle , et non-seulement cette attraction nouvelle dont Newton passe pour l'inventeur, mais encore la matière originelle au milieu de laquelle, *in medio*, a opéré cette attraction nouvelle. Et ce que nous voyons dans le *Livre* (αὐτή ή Βίβλος) *des générations du ciel et de la terre*, toute la tradition l'a vu avec nous; car elle nous parle ici de cette INTRODUCTION DE LA FORME DANS LA MATIÈRE, *in materiam* INDUCTA FORMA, mais dans la matière fluide de la création, *in materiam* AQUÆ PRIMÆVÆ *inducta est forma*. C'est ici, dit-elle encore, c'est à cette seconde phase de la création que Dieu donne une forme à son abime du premier jour : *Ecce hic disponit et format Deus suam abyssum aquarum* ; c'est

rait être de moins de *cinquante millions de fois la vitesse de la lumière ;* c'est-à-dire qu'il est démontré que la cause de la gravité est en dehors de la nature, qu'elle ne procède que de la parole ou de la sagesse de Dieu, que du *Fiat* du Créateur universel : *Fiat firmamentum.*

« DIEU A DIT : Que la lumière soit ; et la lumière fut. L'Éternel a parlé une seconde fois : *Dixit quoque Deus.* Il a commandé au *faisant-tenir-ferme* d'agir au centre de l'abîme universel : *Dixit quoque Deus : Fiat firmamentum in medio aquarum ;* et une force centrale étend son empire sur toute la matière : *Et factum est ita.* Mais l'Éter-

des eaux de cet abîme condensées et solidifiées le deuxième jour que furent formés tous les cieux, tout ce qu'embrasse le firmament, les choses du ciel aussi bien que les choses de la terre : *Ex quá abysso, sive aquá densatá atque consolidatá facti sunt cœli omnes, sive firmamentum die secundo. Tam enim cœli quàm sublunaria facta sunt ex eádem aquarum abysso.*

« Enfin, de même que l'illustre Bacon, qui faisait de l'œuvre génésiaque le principe de toutes ses connaissances, les anciens interprètes ont vu, dans l'opération du firmament, l'action de cette force universelle dont l'application mathématique devait faire la gloire immortelle de Newton.

» Sans doute nous sommes loin de prétendre qu'il n'y ait pas beaucoup de vague, d'incertitude, et souvent même beaucoup d'inexactitude dans les explications de ces anciens interprètes sur cette cause efficiente de tout ce qui existe, sur ce firmament du deuxième jour qu'ils appellent, les uns, le cordon ombilical du monde, le milieu des choses; les autres, le mystère du sein maternel, l'enfantement de la nature. Sans doute tous ces interprètes n'ont pas saisi dans tous ses développements la grande loi qui a présidé à l'organisation des mondes. Mais nous devons constater qu'ils ont reconnu, dans l'institution de cette *mécanique céleste,* une puissance primordiale mise en action pour opérer, dans les choses matérielles et dans chacune d'elles, toutes les combinaisons et dispositions relatives au but de l'Auteur de la nature. Nous devons constater qu'en même temps ils ont reconnu et attesté, avec les Septante et avec tous les Hébraïsants, *aliisque doctissimis Hebræis,* que le firmament de l'Hébreu, dans sa signification primitive et radicale, exprime l'action d'affermir et de solidifier ce qui était auparavant rare et fluide; opposant aux novateurs de leur temps que, s'il est écrit que le ciel et la terre furent CRÉÉS le premier jour, il est écrit aussi que le ciel lui-même ne fut FORMÉ que le jour suivant, *nam et cælum scribitur posteà factum.* » (*Cosmogon. de la révél.,* p. 62 et suiv.)

nel a dit encore : Que le firmament divise aussi les eaux de l'abîme : *Fiat firmamentum, et dividat aquas ab aquis ;* et l'ordre et la distinction règnent dans l'ouvrage du Créateur, et l'ouvrage du Créateur reçoit le nom générique de ciel du firmament : *Et factum est ita, vocavitque Deus firmamentum cælum.* Ou, comme l'exprime le Roi-Prophète, une parole du Seigneur a affermi et consolidé les cieux, et un souffle de sa bouche a ordonné et distribué tous les globes célestes, toute l'armée des cieux : *Verbo Domini cæli firmati sunt, et spiritu oris ejus omnis virtus eorum.*

« Tant il est vrai que ces appellations, premier jour, second jour, etc., ne sont relatives qu'aux divers états par où passa la matière pour devenir le monde que nous voyons, en vertu des lois primitivement imposées par le Créateur. Tant il est vrai que ces appellations diverses sont seulement relatives aux opérations de la Sagesse créatrice pendant les quatre jours consacrés à l'organisation de l'univers matériel, opérations décrites successivement, mais toutes découlant des prémisses posées à l'instant de la création, comme les conséquences de leurs principes : *In omnibus his operibus non ponit durationis ordinem, sed solùm originis et naturæ.*

« Quant à ces dénominations de *matière informe divisée jusqu'à l'annihilation*, d'*abîme invisible*, puis d'*eaux soumises à l'action du firmament*, elles ne sont que des dénominations qualificatives de l'état progressif de la matière constitutive de l'univers matériel ; dénominations dont nous pouvons, aujourd'hui, apprécier toute l'exactitude, puisqu'elles répondent exactement et complétement à cette autre révélation, à ce nouvel enseignement de la science, que la matière dont les mondes sont composés, créée à l'état *purement gazeux*, passe à un état tou-

jours de plus en plus condensé, jusqu'à ce qu'elle arrive
à la forme de nébuleuse *planétaire*, ou plutôt que les
sphéroïdes, plus ou moins imparfaits, désignés sous le
nom de nébuleuses, nous offrent, dans des degrés divers,
le type de l'état primitif de notre ciel et de notre terre.

« Que ces divers termes répondent aux termes nouveaux et scientifiques de *fluides*, de *gaz*, de *principes
élémentaires*, toutes expressions inconnues à la langue
des Hébreux, c'est ce qui est attesté par tous les lexico-
graphes, juifs et chrétiens, apologistes et rationalistes, qui
enseignent que le primitif MAIM, eau, de l'Hébreu, comprend sous son acception toute espèce de substance à
l'état naissant ou élémentaire, comme à l'état fluide et
gazeux. Et nous voyons que ce mot d'une signification
si étendue est encore employé dans le sens de principe,
de tige, de race, etc. Si le Psalmiste est obligé de donner aux vapeurs répandues dans l'atmosphère le nom
d'eau ténébreuse, *tenebrosa aqua*, le prophète Isaïe appelle les Israélites de la tribu de Juda, les enfants issus
des eaux de Juda, *de aquis Juda*.

« Aussi les erreurs d'interprétation de Cajétan sur l'o-
pération de l'esprit de Dieu, qu'il entend d'une opération
angélique, non plus que les erreurs d'interprétation de
M. Marcel de Serres sur le firmament, ne les ont pas em-
pêchés de professer avec tous les Anciens que « le mot
« MAIM doit s'entendre de la matière qui a formé les dif-
« férents corps célestes et planétaires. » D'où ce dernier
conclut que « cette matière peut être l'éther, ou l'air, ou
« l'eau gazeuse, ou *toute autre substance;* » ce que nous
n'avons pas l'intention de lui contester. »

« On comprend donc pourquoi, chez le peuple dépo-
sitaire de ses révélations, le Dieu des cieux était appelé
Créateur des eaux : *Deus cælorum, Creator aquarum;*

on comprend que le souverain Ordonnateur des mondes était ainsi reconnu et proclamé Créateur de la matière constitutive de tout l'univers.

« On comprend pareillement pourquoi le Prince des Apôtres a dit, en parlant des Juifs, qui sans doute avaient l'intelligence de leur langue et de ses expressions significatives, que c'est volontairement qu'ils ignorent, *latet enim eos hoc volentes*, que la terre aussi fut faite firmament, *consistens*, que la terre fut formée, en même temps que les cieux, de la propre substance des eaux de la création, de ces mêmes eaux constitutives des cieux : *Et terra de aquâ et per aquam consistens Dei verbo*. Ce que l'Apôtre des Nations exposait en d'autres termes, en rappelant à ces mêmes Juifs convertis à la foi, que la révélation leur enseigne, *fide intelligimus*, que, par la parole de Dieu, les éléments constitutifs du monde furent engencés et rendus visibles d'invisibles qu'ils étaient auparavant, *aptata esse verbo Dei, ut ex invisibilibus visibilia fierent*.

« Car, s'il a été révélé au peuple juif que les cieux furent consolidés au milieu des eaux par une émanation de la Sagesse divine, il a été pareillement révélé à ce même peuple qu'en même temps la terre fut consolidée au milieu de ces eaux par cette même parole du Seigneur.

« Moïse avertit que le ciel et la terre créés au commencement n'étaient qu'une masse informe et invisible, un abîme ténébreux. Puis il enseigne que l'esprit de Dieu se dégageait de cet abîme qui, par ce dégagement du calorique, se condensait, se liquéfiait, *super aquas;* et que, tandis que la lumière se manifestait au-dessus des eaux, le firmament, au contraire, opérait au centre, au milieu de ces mêmes eaux, *in medio aquarum*, pour former le ciel du second jour, le ciel du firmament, toutes les choses créées, *quando creata sunt, in die quo fecit Dominus Deus cœlum et terram*, ou, selon l'expression du grand Apôtre, pour constituer tous les éléments invisibles de la création, *ut ex invisibilibus visibilia fierent.*

« C'est alors que, dans son récit, Dieu sépare les eaux en firmament au-dessous des eaux en firmament au-dessus. Littéralement : « Il sépare les eaux qui au-dessous en fir-« mament, *quæ subter in firmamentum*, de celles qui au-« dessus en firmament, *quæ desuper in firmamentum* (1). »

« L'ordre est donné au firmament d'agir au milieu des eaux de la création ; et l'effet opérant de ce commandement du souverain Ordonnateur des mondes devient pour la terre, aussi bien que pour les cieux, selon cette autre explication du livre de Job, la pierre angulaire, *lapidem angularem*, sur laquelle s'appuient ses fondements solidifiés, *super quo bases illius solidatæ sunt*. Car, explique à son tour le Roi-Prophète, le Seigneur a fait aussi firmament le globe terrestre, *etenim firmavit orbem terræ* ; il a fondé la terre sur son firmament, sur sa propre stabilité, *qui fundasti terram super stabilitatem suam.*

« Et les autres prophètes :

« Le Seigneur a mesuré les eaux de la création, et il a pesé ces eaux créées pour les cieux : le Dieu des cieux Créateur des eaux a voulu mesurer lui-même ces eaux créées et préparées pour les cieux, et déterminer ainsi la masse et le volume des corps célestes : *Mensus est pugillo aquas et cœlos palmo ponderavit.* Mais en même temps qu'il distribue par poids et mesures les masses constitutives du ciel, l'éternel géomètre pèse dans la même ba-

---

(1) « Le texte hébreu porte mot à mot : *Divisitque aquas quæ subter in firmamentum ab his quæ desuper in firmamentum.* »

lance la masse entière de la terre : *Appendit tribus digitis molem terræ , et libravit in pondere montes et colles in staterâ.*

« Ma main a mesuré les cieux , et cette même main a fondé la terre : Je les appellerai , et ils se dresseront en même temps; *manus quoque mea fundavit terram , et dextera mea mensa est cœlos : Ego vocabo eos et stabunt simul.*

« Je les appellerai, et ils se dresseront ensemble, *ego vocabo eos et stabunt simul.* Et voici qu'ils nous sont manifestés comme procédant de la même cause, comme étant le produit de la même force : *Ecce tu fecisti cœlum et terram in fortitudine tuâ magnâ , et in brachio tuo extento.*

« Le Seigneur a fait aussi firmament le globe terrestre, *etenim firmavit orbem terræ.* Mais dès lors, dès cette époque de la consolidation de la terre, à l'instant même, *ex tunc*, de cette consolidation du globe terrestre, il avait préparé son trône, *parata sedes tua ex tunc.* Il avait préparé le ciel, ce trône de sa gloire et de sa puissance (*cœlum sedes mea*); et ce ciel il l'a préparé, en se revêtant de force , et en se ceignant de la puissance que son Père lui a dévolue : *Indutus est Dominus fortitudinem et præcinxit se, etenim firmavit orbem terræ, parata sedes tua ex tunc.*

« Ecoutons la Sagesse éternelle :

« Il m'a dit : Vous êtes mon fils, je vous ai engendré aujourd'hui (1), *dixit ad me : Filius meus es tu , ego hodiè genui te.* J'ai mis ma parole dans votre bouche , et je vous ai revêtu de toute ma puissance, pour que vous consolidiez les cieux et que vous fondiez la terre, *posui verba mea in ore tuo, et in umbrâ*

____

(1) « La vie du Père est l'*aujourd'hui* du Père, et cet *aujourd'hui* est son éternité. »

manûs meœ protexi te, ut plantes cœlos et fundes terram.

« J'étais avec lui quand il préparait les cieux et qu'il jetait les fondements de la terre, *quandò præparabat cœlos aderam, quandò appendebat fundamenta terræ cum eo eram;* j'étais avec lui, formant et composant toutes choses, *cum eo eorum cuncta componens.*

« Or, dans cette préparation des cieux, le Verbe éternel, qui formait toutes choses, *cuncta componens,* l'Ordonnateur des mondes compassait et arrondissait les abîmes, *abyssos,* sortis de l'abîme unique du premier jour : il préparait ces cieux en assujettissant les eaux de l'abîme à la gravitation, à une loi indélébile, *certâ lege,* à cette autre puissance universelle qui affermit et consolide les corps, et les coordonne en masses globulaires, *et gyro,* et ces masses globulaires en systèmes sphériques, *certâ lege et gyro vallabat abyssos.* Et c'est lors de la mise en action de cette raison des cieux, *cœlorum rationem,* de cette cause indestructible de l'harmonie des corps célestes, *concentum cœli,* que la terre demeura suspendue dans le vide, sur le néant, *et appendit terram super nihilum,* alors que ses éléments s'aggloméraient et que les matières qui la composent se durcissaient, *quandò fundebatur pulvis in terrâ et glebæ compingebantur.* C'est lors de cette préparation des cieux que l'Ordonnateur des mondes a préparé la terre, *qui præparavit terram;* c'est dans ce même jour de la préparation des cieux, c'est dans ce même instant de son éternité qu'il a préparé la terre, *qui præparavit terram in æterno tempore.*

« Dans le contexte génésiaque, cette formation de l'univers matériel est proclamée l'ouvrage du firmament : *Et factum est ita, vocavitque Deus firmamentum cœlum.* Cependant la terre n'est point nommée dans cette première proclamation. La terre n'est point nommée ici, pour si-

gnifier, disent les interprètes, que cette partie dite inférieure du firmament n'est qu'un point mathématique, comparée à l'immensité des cieux, ou, comme s'expriment ces
interprètes, parce que le ciel comprend la plus grande
comme la plus belle partie du firmament, ouvrage du
deuxième jour, *cœli nomen meritò tributum firmamento, quia
hujus firmamenti major et melior pars sunt cœli* (1) ; appréciations si différentes et si éloignées de la précision toute
mathématique de ces évaluations comparatives de l'Écri-

(1) « Dans cette architecture céleste, les masses stellaires et planétaires,
les mondes et les systèmes de mondes sont également compris. La terre n'est
point nommée dans la dédicace de l'édifice de la création, parce que le soleil,
la lune et les étoiles ne sont point nommés dans cette dédicace. Les globes
célestes et le globe terrestre ne sont pas encore nominativement distingués,
parce que cet édifice, ouvrage du firmament, est un tout uniforme dont chacune des parties, modelée sur le même patron et assujettie à la même loi,
n'a encore rien de distinctif. La terre n'est point nommée, et les astres, qui
constituent le ciel, ne sont point nommés, parce que le ciel du deuxième jour
comprend l'universalité des choses créées, parce que ce ciel du deuxième
jour est le ciel du firmament, l'ouvrage tout entier du firmament, l'introduction de la forme dans la matière créée, ou la formation de la création
entière.

« La terre ne sera nominativement distinguée du ciel, la terre ne recevra
son nom distinctif que le troisième jour, parce que sa constitution physique
ne date que de cette troisième époque de la création. Le deuxième jour, la
terre a son être à part ; mais rien ne la distingue encore des autres produits
du firmament, de cette cause efficiente de la structure de tous les corps de
l'univers. C'est déjà un abîme sphérique, une masse *sui generis* qui s'affermit et se consolide ; mais cet abîme sphérique est encore un tout semblable
aux autres abîmes disséminés dans l'immensité des espaces célestes.

« Le ciel lui-même, le ciel distingué de la terre, aura aussi son nom distinctif : le ciel distingué de la terre, le ciel stellaire, sera appelé le FIRMA-
MENT DU CIEL, *firmamentum cœli ;* mais ce nom distinctif, ce nom sacramentel ne lui sera donné que le quatrième jour, parce que l'organisation du
ciel distingué de la terre, ou la constitution physique des globes célestes ne
date que de cette dernière époque de la Cosmogonie biblique.

« Nous disons donc que le ciel du deuxième jour n'est pas encore le ciel
que nous voyons, ou, ce qui est la même chose, que cette première disposition
des ouvrages du Créateur n'est pas encore l'opération qui détermine leur
existence dans leur état normal. L'historien sacré n'a pas attendu aux jours

ture : *Quoniam tanquam momentum stateræ, sic est ante te orbis terrarum, et tanquam gutta roris antelucani quæ descendit in terram.*

« Dans le contexte génésiaque, l'esprit de Dieu se porte au-dessus des eaux pour donner naissance à la lumière, et pour laisser au principe de la solidité des corps toute liberté d'agir au milieu, *in medio*, de ces eaux élémentaires, pour la procréation de toutes les merveilles de l'univers, *ut de illâ omnia formarentur*, tant des choses du ciel que des choses de la terre, comme l'enseigne

suivants pour nous mettre sur la voie de cette grande et décisive révélation. Dès le deuxième jour, il nous donne à entendre qu'il ne s'agit, dans l'œuvre de ce deuxième jour, que d'une première opération, que d'une disposition préparatoire.

« En effet, l'écrivain inspiré, dans la description qu'il nous fait de l'œuvre des six jours, termine le récit de chaque production par cette formule laudative, qu'il répète toujours dans les mêmes termes : « ET DIEU VIT QUE CELA ÉTAIT BON, *et vidit Deus quòd esset bonum.* » Les mêmes paroles approbatives reviennent après chaque opération. Il n'y a qu'une seule exception, et cette exception porte tout entière sur l'opération du deuxième jour. Le Créateur ne donne pas à l'ouvrage du deuxième jour l'approbation qu'il a donnée à son ouvrage du premier jour, et qu'il donne encore à chacun des quatre derniers jours : l'Ordonnateur des mondes ne dit point ce deuxième jour ce qu'il a dit le premier jour et ce qu'il répète, à chaque opération, les quatre jours suivants, que SON OUVRAGE EST BON.

« Cette exception remarquable doit avoir une cause dans un livre où chaque mot a tant d'importance et de vérité. Quelle est cette cause? Pourquoi Dieu ne confirme-t-il point par sa sanction l'opération du deuxième jour? si ce n'est parce que cette consolidation effectuée au sein de l'abîme universel, parce que l'opération qui en résulte, ou la dissémination des masses constitutives de tous les corps de l'univers, n'est encore qu'un commencement d'exécution, un acheminement à la grande opération qui doit manifester les ouvrages de la Sagesse créatrice? Dieu ne proclame point encore l'accomplissement de son œuvre, parce que cette PRÉPARATION DES CIEUX n'est encore que l'opération qui coordonne en agglomérations distinctes tous les abîmes émanés du grand abîme de la création. Dieu ne sanctionne point l'œuvre du deuxième jour, parce que, s'il faut un autre ordre du Créateur pour que LA TERRE APPARAISSE, il faut aussi une dernière intervention pour que LES LUMINAIRES SOIENT FAITS DANS LE FIRMAMENT DU CIEL. » (*Cosmog. de la révél.*, p. 76, 80, 81, 82.)

encore toute la tradition : *Tam enim cœli quàm sublunaria facta sunt ex eâdem aquarum abysso.* » (*Cosmog. de la révél.*, p. 60, 61, p. 73 et suiv., et p. 142 et 151)

C'est pourquoi, au lieu de ne faire intervenir que le *fiat lux* de la Genèse, sans tenir aucun compte du *fiat firmamentum ;* au lieu de vouloir que « tout découle du *fiat lux,* » pour faire du *fiat firmamentum* une redondance insignifiante ou complétement inutile; au lieu, enfin, de s'ériger en réformateur universel, en rayant de la Genèse le *fiat firmamentum,* pour faire du *fiat lux* « la loi suprême et unique de toute la création » (*Théor. bibl.* p. 31, et Introd. p. 11, 12), M. Godefroy met la Cosmogonie de la révélation *en présence* de la science moderne, pour constater, à l'aide des sciences acquises, l'exactitude philosophique du plan génésiaque, dans la coordination des deux grandes forces de la nature soumises à nos investigations.

Encore une citation :

« A la parole de Dieu, la lumière agit à la surface de l'abîme ; et, à la parole de Dieu, le firmament agit au centre de ce même abîme qu'il sépare aussi en agglomérations diverses pour constituer tous les globes célestes ; et tandis que la lumière manifeste son action à la surface de chacun de ces globes, le firmament développe son action occulte et antagoniste au centre de chacun de ces mêmes globes. Mais, parce que cette séparation des éléments soumis à l'action de l'esprit de Dieu d'avec les éléments soumis à l'action du firmament ne manifeste ses effets que le quatrième jour, en d'autres termes, parce que la terre ne sort du sein de la lumière et n'est physiquement séparée du ciel ou des globes lumineux qu'à cette quatrième phase de la création, la sanction divine n'est proclamée qu'en ce jour de la manifestation de l'œuvre cosmogonique.

« N'ayant à sa disposition qu'un vocabulaire usuel extrêmement restreint pour publier les merveilles des *générations du ciel et de la terre*, Moïse a eu pour mission spéciale de faire ressortir la majestueuse unité du plan de création qui lui était révélé. La production de la lumière avant toutes choses, l'introduction de la forme dans la matière, l'apparition de la terre avant l'organisation de ses luminaires, ou sa séparation du ciel, ces grands traits unissent le ciel à la terre et rattachent à une origine commune toutes les parties de ce merveilleux ensemble.

« Il était réservé à la science du xixe siècle de mettre en évidence la précision méthodique et l'exactitude rigoureuse de l'historien de ces arcanes universels, alors précisément qu'on voulait y trouver une série de créations successives et indépendantes.

« C'est le second de ces grands traits que nous allons envisager sous le point de vue scientifique, en mettant la révélation divine en présence de la révélation humaine. » (*Ibid.*, p. 84, 85.)

Dans l'œuvre de M. Debreyne, les phases et les choses de la création se présentent sous un tout autre aspect. Dans la *Doctrine nouvelle*, que l'auteur a cru devoir investir du titre de *Théorie biblique*, la terre devient le *centre des opérations du Créa-*

leur, le *noyau central*, la *masse centrale ou cosmi-que*, *l'agglomération cosmique au centre*, le *cœur de l'univers*. Dans l'œuvre de régénération scientifique de M. Debreyne, notre planète, « cette terre en apparence si petite, est si bien le cœur de l'univers et le but de l'œuvre du Tout-Puissant, qu'elle balance toute la création par son importance. »

En conséquence, la lumière du premier jour est « une immense lumière bornée autour de la terre, » et le firmament du second jour est cette même lumière appelée ici *masse circonférente ou sidérale*, parce qu'elle est *la matière qui doit former les astres* et qu'elle *enveloppe de toutes parts* l'agglomération cosmique au centre. Seulement, ce second jour, la masse sidérale se gazéifie, la matière qui doit former les astres passe à l'état de *matière gazeuse*, au fur et à mesure que l'attraction entre ces deux grandes masses de la création, entre la masse circonférente ou sidérale et la masse centrale ou cosmique, se développe avec une intensité de plus en plus active.

Le texte porte :

« A mesure que la matière se condensait sur le noyau central, celle de l'espace se raréfiait, elle y devenait ténue au plus haut degré, et l'attraction entre la masse centrale ou cosmique et la masse circonférente ou sidérale devenait incessamment plus active. »

De là cette première conclusion :

« Nous voyons donc le firmament commencer par un

point limité de l'espace, par L'ENTRE-DEUX de l'abîme, *in medio aquarum*, et non par LE POINT CENTRAL, comme le veut M. Godefroy, entre-deux qui sépare les eaux de l'abîme, et qui résulte de l'agglomération cosmique au centre, pendant que la matière gazeuse qui doit former les astres, l'enveloppe de toutes parts dans la région supérieure. »

Et cette autre semblable à la première :

« Ainsi le firmament s'est formé autour de la terre dès le deuxième jour. » (*Théor. bibl.*, p. 73, 74, 77, 78.)

La matière rare, subtile, éminemment légère et déliée, appelée firmament par M. Marcel de Serres, qui a servi au savant professeur de Montpellier à former l'éther et notre atmosphère, est donc ici la matière qui doit former les astres. Cette nouvelle interprétation n'empêche pas l'auteur d'expliquer, tantôt, que « le firmament est la ténuité même de l'espace; » tantôt, que « l'espace est la juste distance des actions et des réactions sidérales, » et que « le firmament est la juste mesure des distances exigées par le volume des masses sidérales, pour le jeu parfait de leurs actions et de leurs réactions attractives et répulsives; » une autre fois, que « le firmament est le lien fixateur de tous les astres, le ciment éthéré de l'univers, » et d'expliquer, en dernier lieu, que « le firmament est l'espace, » ou que « le firmament fut appelé ciel, c'est-à-dire l'espace. » (*Ibid.*, p. 79, 102, 128, 142). Mais aucune de ces explications ou définitions ne fait comprendre pourquoi il est spécifié que le firmament s'est formé autour de la terre dès le deuxième jour.

Il est vrai que le lecteur le plus attentif n'a pas compris non plus ce qu'on vient de lui dire, que *nous voyons le firmament commencer par un point limité de l'espace, par l'entre-deux,* IN MEDIO, *et non par le point central;* pas plus qu'il n'a compris que ces mots *in medio* signifiaient cet entre-deux et non ce point central.

D'un autre côté, on ne sait pas bien ce qu'il faut entendre par cet entre-deux, lien fixateur de tous les astres, par cette juste mesure des distances, par cette juste distance des actions et des réactions sidérales ; toutes expressions d'une synonymie plus que douteuse, et qui, en outre, semblent n'avoir rien de relatif à la *matière qui doit former les astres.*

Espace, matière raréfiée de l'espace, ténuité même de l'espace, matière gazeuze qui doit former les astres, lien fixateur de tous les astres, juste milieu des distances pour le jeu des actions et réactions sidérales, ce firmament de M. Debreyne, quel qu'il soit, ce firmament *formé autour de la terre* est l'œuvre de son second jour, de même que la formation de la lumière, *bornée autour de la terre* déjà organisée, et d'autant plus condensée que la matière qui doit former les astres se gazéifie davantage, est l'œuvre de son premier jour.

Et c'est ainsi que *l'unité de l'agent biblique place* le nouveau docteur *au-dessus de toutes les difficultés*.

« Décidément le firmament de la Genèse n'a rien à envier à la lumière zodiacale, « cette pierre « d'achoppement contre laquelle tant de rêveries « ont été se briser. » C'est la réflexion que faisait M. Godefroy à l'occasion d'une dernière interprétation présentée par M. Maupied, sous le titre de *Physique sacrée*.

Ce n'est pas le moment d'examiner cette autre méthode explicative, tout aussi neuve dans ses aperçus et dans ses conceptions que la *Doctrine nouvelle*. Mais il faut dire ici un mot de l'opinion émise à cette même occasion par M. Glaire, dans ses *Livres saints vengés*, et des appréciations des autres critiques du jour.

II. — M. Glaire, professeur-doyen d'Écriture Sainte à la Faculté de Théologie de Paris, inquiet sur le mérite des explications de M. Maupied, son collaborateur ou son collègue, avait d'abord proposé d'appliquer « à l'étendue ou à l'espace que Dieu, « disait-il, venait de créer, » l'hébreu RAKIA, le *firmamentum* de nos versions, attendu, disait-il encore, que « le verbe dont il dérive signifie *battre,* « *frapper une lame de métal.* » Mais bientôt, mécontent ou peu satisfait de cette autre explication, il ne voulut plus voir dans ces expressions, dans tout le narré génésiaque sur l'œuvre du second jour, que

« de *pures métaphores* sur le vrai sens desquelles
« le peuple hébreu ne pouvait nullement prendre le
« change, » appelant à son aide Gesenius qui ensei-
gnerait , « que dans la *description poétique* qu'ils
« font du firmament, les Hébreux parlent le langage
« vulgaire, bien qu'ils sachent parfaitement ce qu'il
« renferme d'inexact. » (Voy. *Cosmogon. de la
révél.*, p. 413.)

M. Glaire aura compris probablement, sinon que
l'espace n'est rien de réel en lui-même, rien sans les
corps, du moins qu'il y aurait trop de difficulté à
vouloir soutenir que l'*univers roulait dans l'espace,
avant qu'il y eût un espace, avant que Dieu eût fait
l'étendue*.

> *a* Rerum naturam spatium complectitur omnem,
> *a* Mens extra spatium rem non excogitat ullam.*»*

On conviendra donc avec M. Godefroy que « il
vaut mieux métamorphoser en description poétique
ou en pures métaphores, des expressions qu'on ne
peut plus comprendre ou qui répugnent à une interprétation préconçue, que de se faire le champion
d'une création ou d'une formation de l'espace, et de
dater cette création ou cette formation du lendemain
de la création du ciel et de la terre.» (*Id. ibid.*) Mais
il faut convenir aussi que les commentateurs qui ont
cru devoir garder le silence sur l'opération du firmament, ont encore été mieux inspirés que l'auteur des *Livres saints rengés* dans son métamorphisme. Aussi, ne suis-je nullement surpris qu'à
l'exemple des fauteurs du système antéhexaméri-

que dont il sera bientôt question, le consciencieux auteur des *Études philosophiques sur le Christianisme,* prévenu comme il l'était, ait pris le parti de rayer définitivement le second jour génésiaque de son tableau comparatif.

Dans son chapitre intitulé : *Moïse en regard des sciences,* le philosophe apologiste passe immédiatement du premier jour au troisième jour de la Genèse, en déclarant nettement qu'il *s'abstient* « de relever les rapports de la cosmogonie avec les sciences touchant la formation du firmament. »

Imbu des idées de M. Marcel de Serres et de tous les autres interprètes, si différentes de celles de M. Godefroy, il hésite, il ne sait plus où est la véritable route ; et dans cette incertitude il aime mieux *s'abstenir.* Mais s'il n'ose se prononcer ouvertement contre tous en faveur d'un seul, du moins il ne veut pas laisser son lecteur incertain de sa prédilection particulière ; et, avec une bonne foi qui l'honore, il consigne cet aveu significatif : « Comme je ne veux pas prendre sur moi la responsabilité d'une exigence qui tient peut-être à l'imperfection de mes connaissances spéciales, je renvoie le lecteur au savant ouvrage de M. Godefroy, où ce point est traité avec une grande supériorité. » (*Op. cit.,* tom. Ier, liv. IIe, ch. IIe, par M. Auguste Nicolas.)

Un savant étranger, M. Waterkeyn, professeur de minéralogie et de géologie à l'Université catholique de Louvain, a procédé avec la même bonne foi, mais avec une connaissance plus approfondie des théories de la science.

Considérant que dans l'exposé qu'il vient de faire des diverses théories géogéniques, il faut supposer que l'écrivain sacré a négligé tout ce qui concerne l'origine des corps célestes pour ne s'occuper que de la formation de notre globe, le judicieux professeur s'empresse d'annoncer qu'aujourd'hui « on peut expliquer les premiers versets de la Genèse d'une autre manière ; » que « l'auteur de la *Cosmogonie de la révélation* propose au sujet du firmament une explication très-ingénieuse. » Alors il expose que dans cette autre interprétation, « le firmament qui se fait au milieu des eaux désigne la condensation primitivement opérée au centre de la masse fluide de la création, au milieu des eaux de l'abîme universel, et que la séparation de ces eaux génératrices, indiquée dans la Genèse, représente la division de l'abîme universel unique en agglomérations distinctes, en abîmes distincts et séparés, pour constituer le ciel ou les divers systèmes célestes. »

Muni de cette véritable clef de voûte de tout l'édifice cosmogonique, M. Waterkeyn n'hésite plus à proclamer que « le récit de Moïse peut se concilier de la manière la plus parfaite avec la théorie cosmogonique ; » concordance harmonique qu'il ne juge pas nécessaire de développer autrement, et qu'il ne fait plus qu'indiquer en ces termes :

« La théorie suppose que la terre a fait primitivement partie de la nébuleuse solaire ; que la portion de cette nébuleuse qui renfermait les matériaux de la terre, s'en est détachée à une certaine époque ; et que la condensation, opérée sur la nébuleuse isolée (sur la portion détachée de la nébuleuse primitive), a formé par la suite notre globe. On conçoit, d'après cela, que le temps, qui était nécessaire pour amener la terre à l'état que nous avons décrit, aura pu être beaucoup moindre que celui qu'il a fallu pour que l'atmosphère solaire (la masse tout entière du soleil) se resserrât dans ses limites actuelles, et, par conséquent, que la formation de la terre aura pu précéder celle de l'astre du jour. » (*La science et la foi sur l'œuvre de la création*, p. 165, 166, 170.)

M. Waterkeyn aurait pu être plus affirmatif dans son exposé, puisqu'il appert de l'interprétation cosmogonique, complément modificatif, mais complément indispensable de la cosmogonie de l'illustre Laplace, que la constitution de la terre et de toutes les planètes a nécessairement précédé la constitution définitive de l'astre central, et puisque, précisément, la pierre d'achoppement de tous les systèmes d'explication, pompeusement décorés du titre de *Cosmogonie de Moïse*, de *Physique sacrée*, etc., est la clef de voûte du véritable édifice cosmogonique.

Dans toutes ces prétendues explications génésiaques, non-seulement il faut supposer que l'écrivain sacré ne s'est nullement occupé de l'origine ou de la génération des corps célestes, mais souvent même il faut supposer que l'écrivain inspiré a pareillement négligé ce qui concerne l'origine, la génération ou le mode de formation de la terre, bien qu'il nous ait averti que les générations génésiaques sont les générations du ciel et de la terre de la création au temps de leur formation : *Istæ sunt generationes cæli et terræ quando creata sunt, in die quo fecit Dominus Deus cælum et terram.* C'est-à-dire qu'il faut supposer, comme l'enseignent d'ailleurs ces prétendus cosmogonistes, que *la terre a été créée tout d'un jet,* soit antérieurement, soit postérieurement à la création de tous les corps célestes, afin de mettre, comme ils le disent encore quelquefois, *le récit de Moïse en dehors de l'arène où s'exercent la science et ses systèmes.*

Alors il arrive ce qui devait arriver, que *la lumière* et *le firmament,* n'ayant plus de signification cosmogonique, deviennent de simples accessoires du globe terrestre, sans relation comme sans accord possible avec les autres parties de la création, et que le récit de Moïse devient inintelligible.

C'est donc avec raison qu'on a répondu à ces dogmatistes indépendants, à ces schismatiques d'une autre forme, que « l'auteur de la *Cosmogonie de la révélation en présence de la science moderne* aurait pu prendre pour épigraphe ces deux mots qui révèlent l'esprit et le but de son livre : *Science et Foi,* puisqu'aujourd'hui la victoire du Christianisme est complète sur le champ de bataille de la science. » (*Le Correspondant,* tom. XIII, janvier 1849).

Qu'ils fassent aussi leur profit de cet avis que leur donne l'auteur des *Études philosophiques :* « Moïse a dit vrai, lorsqu'il a présenté la *création* du ciel et de la terre comme un fait primitif de la toute-puissance de Dieu, distincte de la *formation* subséquente de leurs diverses parties, comme le reconnaît la saine philosophie. Il a été vrai, lorsqu'il a dit que toutes les œuvres de Dieu avaient été progressivement enfantées en six jours, autres que ceux que nous mesure le soleil, comme le reconnaissent encore tous les naturalistes. Il a été étonnamment vrai, lorsqu'il a représenté la production de la lumière avant le soleil, comme disent Godefroy, Young, Fresnel et Arago, etc. » (*Ov. cit., loc. cit.*, p. 447 et 448.)

Et de cette autre conclusion du professeur de l'Université de Louvain : « Nous sommes donc en droit de dire aux géologues et aux astronomes : Continuez à fouiller les entrailles de la terre; invoquez toutes les ressources des découvertes de la science pour rechercher quelles sont les forces que le Créateur a mises en jeu pour former les masses minérales qui composent la charpente solide de notre globe. Remontez plus haut encore; essayez de déchirer le voile qui dérobe à nos regards les harmonies des corps célestes; dites-nous l'histoire de tous ces mondes dispersés dans l'immensité de l'espace. La religion vous permet de disposer et des siècles que vous réclamez et de l'énergie des agents naturels que vous invoquez. Lorsque vous voudrez sonder l'abîme du chaos primitif, et que vous essaierez de dissiper l'obscurité profonde qui enveloppe la première origine de toutes choses, la religion vous dira qu'en nous initiant de plus en plus à la connaissance des merveilles de la nature, vous chantez le plus bel hymne à la louange du Créateur. » (M. Waterkeyn, *Op. cit.*, p. 181, 182.)

Alors ils comprendront que M. Godefroy n'a pas démérité de la religion, en croyant avec Buffon, avec tous les théologiens, avec les philosophes et les naturalistes de la vieille école, que le récit de Moïse ne peut être qu'une *narration exacte et philosophique de la création de l'univers entier et de l'origine de toutes choses.* Ils conviendront que M. Godefroy a pu croire encore avec l'immortel Buffon, « que les vérités de la nature ne devaient paraître qu'avec le temps, et que le souverain Etre se les réservait comme le plus sûr moyen de rappeler l'homme à lui, lorsque la foi, déclinant dans la suite des siècles, serait devenue chancelante. » (Buffon, *Théorie de la terre,* art. 11; et *Epoques de la nature,* t. II, pag. 429. Voy. *Cosmog. de la révél.,* p. 307 et 401.) Mais voyons ce que l'auteur de la *Doctrine nouvelle* oppose à cette interprétation cosmogonique et à la *Cosmogonie physique* de Laplace.

III. — M. Debreyne accuse M. Godefroy de n'avoir fait qu'un travail inutile, ou insuffisant même sous le rapport scientifique, en modifiant le système de Laplace sur la formation du soleil et des planètes. Il objecte que « le système de Laplace pur, ou avec la modification inutile de M. Godefroy, quelque remarquable qu'il soit, ne peut cependant suffire aux exigences de la science ; » et que « ce système est insoutenable et contraire à la Bible, » parce que, dans le système *pur* comme dans le système *modifié*, « il est nécessaire que le soleil se soit formé avant la terre (1). » (*Théor. bibl.* p. 72.)

(1) M. Debreyne objecte encore que « le soleil, le centre du monde planétaire, devrait en être le corps le plus dense. »

M. Debreyne qui a emprunté cette objection à M. Godefroy aurait bien dû, en la rapportant, rapporter aussi cette réponse si péremptoire :

« Dans les différents systèmes qui partagent aujourd'hui les savants, on admet que le soleil et toutes les planètes n'ont formé dans l'origine qu'une seule et même masse. Il est donc naturel de penser que les matières les plus pesantes ont constitué le corps central, le corps qui occupe le centre de gravité de toute la masse. L'anomalie serait ici d'autant plus extraordinaire, que la loi si constamment et si uniformément suivie dans toute la nature s'observe dans la constitution de toutes les planètes, qui ont plus de densité à mesure qu'elles sont plus rapprochées du centre de la pesanteur. Une si étrange bizarrerie, qui viendrait rompre ainsi le fil de toutes les analogies, ne nous force-t-elle pas à admettre que cet écart de la nature n'a aucune réalité, et que son apparence procède d'une erreur inévitable de la part des astronomes ?

« Dans la détermination du volume et de la masse du soleil, les astronomes ont compris et ont été obligés de comprendre son atmosphère obscure ou diaphane, et son atmosphère lumineuse ; c'est-à-dire son atmosphère, sa véritable atmosphère, et son disque lumineux. Mais connaissons-nous toute la profondeur de cette atmosphère ? Savons-nous si cette atmosphère qui supporte ce disque gazeux et incandescent n'a pas un volume dix fois, cent fois même plus considérable que le noyau solide ? Que le volume de ce noyau ne soit que le dixième du volume *total*, la densité du corps du soleil ou de son noyau solide sera à peu près égale à celle de Mercure, la plus dense de toutes les planètes, et son volume sera encore environ cent fois plus considérable que le volume de Jupiter, la plus grosse de toutes ces planètes.

« Cette immense atmosphère n'a rien qui puisse nous surprendre. La lune, satellite de la terre, comme la terre est satellite du soleil, n'a qu'une atmosphère insensible, tout à fait imperceptible. Son atmosphère n'est certainement pas la millionième partie de l'atmosphère terrestre. Faisons notre calcul, et n'oublions pas de faire entrer dans les éléments de ce calcul la prodigieuse supériorité du volume et de la masse du soleil sur le volume et la masse de la terre, comparés au volume et à la masse de la lune, et

Et pourtant cette modification si sévèrement incriminée est commandée tout à la fois et par les exigences de la science et par les exigences de la Bible, ou, comme l'exprime M. Godefroy, « ce correctif nécessaire pour faire concorder le texte du philosophe géomètre avec celui de l'historien inspiré, n'est pas moins rigoureusement indispensable pour la concordance de ce symbole géométrique avec les données acquises sur la nature intime et la constitution physique du soleil. » (*Cosmog. de la révél.*, p. 128.)

La nécessité de ce correctif ou de cette modifica-

nous trouverons que le volume de l'atmosphère solaire doit l'emporter de beaucoup sur le volume du globe central. Remarquons en outre que la terre a plus de densité que son satellite, ce qui est entièrement conforme aux principes que nous invoquons ; que la méthode inductive qui sert de règle aux sciences naturelles est encore ici tout en faveur d'une hypothèse, d'ailleurs si plausible et si simple qu'il est surprenant qu'elle n'ait point encore été proposée.

« Au reste, si la masse *totale* et le volume *total* du soleil sont exactement connus, il est positif que la science n'a aucune donnée acquise sur la masse et la densité du noyau central, du corps même du soleil. Dans son Mémoire sur la chaleur solaire, lu à l'Académie des Sciences, dans la séance du 18 juin 1838, M. Pouillet avait fait intervenir dans ses opérations la masse et la densité *du corps même du soleil*. M. Arago s'est empressé de rappeler à l'Académie que les observations astronomiques les plus exactes et les plus rigoureuses ne permettent plus de considérer cet astre autrement que comme un noyau noir enveloppé d'une atmosphère transparente, puis d'une atmosphère lumineuse ; il s'est empressé de rappeler que les taches obscures que l'on remarque à sa surface ne peuvent être autre chose que des espèces de vides dans l'atmosphère lumineuse, à travers lesquels on aperçoit la masse noire située au centre; mais que, *quant au volume de cette masse et à sa densité, la science reste à cet égard dans une ignorance absolue.* » (*Cosmog. de la révél.*, p. 342, 343, 344.)

Mais, au lieu de joindre cette réponse à son objection d'emprunt, M. Debreyne a mieux aimé déclarer tout simplement que cette plus grande densité du corps central *est contredite par l'observation.* (*Théor. bibl.*, p. 72.)

tion ressort clairement de ce corollaire des théories scientifiques sur la constitution du soleil, développées et discutées dans la *Cosmogonie de la révélation.*

« Lorsque Buffon faisait jaillir la terre et toutes les planètes de la masse liquide et incandescente du soleil, on était loin de soupçonner que le globe solaire ne fût pas le corps lumineux que nous voyons ; on était loin surtout d'imaginer que ce globe fût environné d'une atmosphère semblable à l'atmosphère terrestre, et que le fluide lumineux fût tout entier relégué aux extrêmes limites de cette atmosphère. Si cette grande découverte, mise dans tout son jour par les expériences toutes récentes de nos physiciens, eût été connue de l'illustre naturaliste, il se serait bien gardé sans doute de faire du soleil un globe en état de liquéfaction, et de faire de la terre et des autres planètes, à l'exemple de Descartes et de Leibnitz, des soleils éteints, des globes lumineux encroûtés, des globes *ressemblant parfaitement*, dans l'origine, *à notre soleil.* Ce que nous disons ici de Buffon, nous pouvons et nous devons le dire de l'illustre auteur de la Mécanique céleste, de M. Laplace ; car les expériences de polarisation lumineuse si décisives en cette matière, ou du moins leur application à la lumière solaire, sont elles-mêmes postérieures à la publication de la haute théorie que nous combattons dans ce qu'elle a de contraire à la vérité révélée.

« M. Laplace pose en fait que la matière du soleil est en état de liquéfaction ; il pose en fait qu'au-dessus de cette énorme masse de feu, qu'au-dessus de cet océan de matière lumineuse, s'élève l'*atmosphère solaire, fluide rare, transparent, compressible et élastique, qui ne s'étend pas jusqu'à l'orbe de Mercure*, parce qu'il *ne peut s'étendre que jusqu'au point où la force centrifuge balance exactement la pesanteur.* Dans les principes de M. Laplace, c'est le noyau central qui est lumineux, c'est le corps même du soleil que nous voyons ; et dans les conclusions unanimement déduites de toutes les expériences et observations de nos astronomes et de nos physiciens, ce corps du soleil est un corps ténébreux, l'atmosphère qui l'environne est elle-même comprise tout entière sous une enveloppe gazeuse incandescente, qui seule jouit de cette merveilleuse propriété de nous distribuer la chaleur et la lumière ; et le noyau solaire, fût-il liquide et dans l'état d'ignition le plus intense, serait encore à jamais invisible pour nous, et son existence ne nous serait révélée que par le contraste d'une obscurité complète à côté d'une vive lumière. Pour tout dire en un mot, d'après M. Laplace, la terre et toutes les planètes ont été formées aux limites successives de l'atmosphère du noyau lumineux et incandescent du soleil ; et, d'après tous nos astronomes et tous nos physiciens, le soleil n'a point d'atmosphère au delà de la matière lumineuse.

« Cette supposition d'une atmosphère immense qui s'étendrait encore aujourd'hui à plusieurs millions de lieues au dela de la matière lumineuse, au delà du noyau incandescent du soleil, est la base fondamentale de ce nouveau système. Cette conjecture, si souverainement infirmée par l'observation, est le pivot sur lequel roulent toutes les explications du savant cosmogoniste. Ainsi, l'objection tirée de l'existence du fluide lumineux dans les plus hautes régions de l'atmosphère solaire et aux extrêmes limites de cette atmosphère, cette objection

est encore plus décisive ici que contre tous les autres systèmes à effluxions solaires.

« Cependant cette théorie du grand géomètre nous offre
une explication si satisfaisante et si rationnelle de la
mystérieuse similitude de tous les phénomènes du système planétaire, que nous avons dû chercher à lui donner une base en harmonie avec les hautes manifestations
de la sagesse humaine, et par conséquent avec les révélations de la Sagesse divine.

« Nous lisons dans le livre de la nature que la lumière
est le premier produit de la condensation de la matière,
ou, comme nous le verrons bientôt, une modification du
principe électrique qui jouit de la faculté de devenir lumineux à un certain degré d'accumulation ; et que le
soleil est composé d'un noyau central solide et obscur,
d'une atmosphère plus ou moins semblable à l'atmosphère
terrestre, et d'une auréole lumineuse qui occupe tout
l'espace circonférent, comme cette lumière toute superficielle qui dessine et enceint ces sphères immensément
volumineuses appelées nébuleuses *planétaires*. Et nous
lisons dans le livre de l'Auteur de la nature, que la naissance de la lumière a précédé la formation de tous les
corps de l'univers ; que la lumière a remplacé les ténèbres qui régnaient sur la face de l'abîme de la création,
et que la terre a passé de l'état de matière *vide et
vaine, invisible et incomposée*, à l'état de corps terraqué,
avant qu'il y eût un grand luminaire *pour faire le jour et
la nuit*. Ces deux récits, bien que différents dans leur
expression, concordent entre eux avec tant d'exactitude,
et les documents que l'un et l'autre nous fournissent
pour l'explication de tous les phénomènes du système
planéto-solaire, deviennent si intelligibles et si significa-

tifs par leur réunion ou leur rapprochement, qu'il n'est
plus possible de ne pas les envisager comme les éléments
véritables de toute théorie cosmogonique. De nouvelles
considérations vont encore nous amener au même résultat. » (*Cosmog. de la révél.*, p. 351 et suiv.)

Or, M. Debreyne ne pouvait ignorer qu'en s'em-
parant des acquis scientifiques sur la nature du
soleil et de sa lumière et sur la constitution des
nébuleuses dites planétaires, M. Godefroy, dans
ses *Prolégomènes cosmogoniques,* dans sa *Théorie des Comètes et des Nébuleuses,* dans sa *Formation des Planètes et du Soleil,* dans sa *Théorie de
la Terre ,* dans ses *Solutions cosmogoniques,* etc.,
établit, contre le philosophe-géomètre, que le soleil
n'a point de rang de primordialité dans la création ;
que la préexistence du soleil, dans le sens absolu de
ce terme ou en tant que *luminaire* de la terre, con-
trairement à ce qui est révélé dans la Genèse, ne peut
se soutenir en présence de ces autres révélations.
M. Debreyne ne pouvait ignorer que la modification
apportée au système de Laplace a pour but d'établir,
contre l'illustre géomètre, que la formation du *grand
luminaire* n'a pu précéder la formation de la terre ;
que la terre et toutes les planètes sont des portions
de la même masse moléculaire, successivement
abandonnées dans le plan d'un équateur universel,
à mesure que cette masse génératrice se resserrait et
se condensait au sein d'une sphère unique circon-
scrite par une enveloppe lumineuse ; alors que le

système planéto-solaire composait encore un tout plus ou moins semblable au grand tout dont il venait d'être séparé : *Fiat firmamentum et dividat.*

Sans doute M. Debreyne n'ignorait pas non plus qu'il est avoué dans la science que « les idées de l'auteur de la *Mécanique céleste* sont les seules qui, pour leur grandeur, leur cohérence, leur caractère mathématique, puissent être vraiment considérées comme formant une *cosmogonie physique;* les seules qui trouvent aujourd'hui un puissant appui dans les résultats des études récentes des astronomes, sur les nébulosités de toute grandeur et de toute forme dont le ciel est parsemé. » (M. Arago, *Ann.* 1844, p. 355.) Mais M. Debreyne avait à faire prévaloir une tout autre cosmogonie, qu'il appelle « la nouvelle théorie du firmament, » nouvelle théorie par lui annoncée comme « éminemment capable de donner la raison de tous les faits astronomiques. » (*Théor. bibl.*, p. 79.) L'exposition de son œuvre du quatrième jour relative à la *formation des astres,* complément obligé de la nouvelle théorie, nous mettra à même de juger du mérite et de la valeur de cette appréciation.

Auparavant nous avons à l'entendre dans son exposition de l'œuvre du troisième jour ; mais auparavant encore il est nécessaire de donner quelques explications sur le reproche qu'il fait à M. Godefroy, de s'être constitué le champion de l'hypothèse de l'incandescence originelle de la masse terrestre et de toutes les masses stellaires et planétaires.

« On conçoit, dit-il, comment cet auteur, avec tous ceux qui partagent ses idées, a besoin d'un effroyable dégagement de calorique quand les vapeurs se condensent pour former les globes, et comment ils sont forcés de soutenir l'incandescence originelle de la terre.» (*Théor. bibl.*, p. 25.)

Il faut que M. Debreyne se soit trompé; car M. Waterkeyn qui partage les mêmes idées sur l'état gazeux de la matière de la création, M. Waterkeyn, beaucoup plus compétent, voit au contraire, dans ce même auteur, un adversaire de cette même théorie.

« M. Godefroy, dit à son tour M. Waterkeyn, oppose plusieurs difficultés contre la théorie de la chaleur centrale et de l'incandescence primitive. La théorie qu'il attaque présente sans doute des difficultés ; mais ces difficultés ne nous paraissent pas insolubles ni suffisantes pour rejeter la théorie elle-même. » (*Op. cit.*, p. 168, 169.)

M. Debreyne s'est trompé; c'est incontestable. Mais le savant professeur de l'Université catholique de Louvain n'aurait-il pas été lui-même un peu trop loin dans son appréciation contradictoire? Ne serait-il pas beaucoup plus exact de dire que l'auteur de la *Cosmogonie de la révélation* ne se prononce d'une manière absolue que contre l'hypothèse qui fait de la terre un soleil éteint, une étoile encroûtée? Quelques citations suffiront pour faire connaître le véritable état des choses.

« Dans les principes de M. Laplace, la condensation a produit dans les planètes en vapeurs, comme dans tous les autres globes célestes, une liquéfaction ignée, un noyau central brillant et lumineux ; et dans cette première transformation, *la planète,* pour nous servir de ses expressions, *ressemblait parfaitement au soleil à l'état de nébuleuse ;* ce ce qui veut dire que la planète était alors composée d'un *noyau brillant* que la condensation de son atmosphère *transformait en étoile* (1).

« Un célèbre géomètre, qui a fait de l'étude de la chaleur et de ses phénomènes l'objet spécial de ses travaux, a émis des idées bien différentes sur la formation et la constitution du globe terrestre. On voit que nous voulons parler de M. Poisson, que la mort vient d'enlever à la reconnaissance des géomètres et des astronomes.

« L'illustre auteur de la théorie mathématique de la chaleur, raisonnant dans l'hypothèse de M. Laplace sur l'origine des corps planétaires, considère la terre et toutes les autres planètes dans leur première formation à l'état de vapeurs ; mais, au lieu de faire naître, au centre de chacune de ces masses fluides, un noyau incandescent que la condensation transforme d'abord en soleil ou en étoile, il s'appuie des expériences toutes récentes sur la solidification des gaz, pour établir que la déperdition de toute la chaleur d'origine précédait ou accompagnait la solidification des masses ; que les quantités de chaleur dégagées étaient *transportées à la surface,* et que *la solidification commençait par les couches centrales.*

(1) « Chez M. Laplace, de la condensation de la matière élémentaire il résulte un astre lumineux, une véritable étoile ; et si, aujourd'hui, la terre n'est plus qu'un soleil encroûté, la suite des siècles verra pareille métamorphose s'opérer à la surface du soleil, de cette dernière étoile de notre monde planétaire. » (*Cosmog. de la révél.,* p. 167.)

« Ce point de vue embrasse le champ tout entier de la création ; car nécessairement les changements survenus dans les masses planétaires à l'état de vapeurs se sont produits avec les mêmes circonstances dans la masse solaire et dans toutes les autres masses stellaires aussi primitivement à l'état de vapeurs. Lorsque nous nous occuperons spécialement de la théorie de notre globe et des autres globes de l'univers, nous examinerons en quoi et comment les résultats offerts concordent avec ceux obtenus par les expériences et les observations directes de nos physiciens et de nos astronomes.

« En attendant, nous devons faire observer et nous déclarons tout d'abord, que nous n'avons nullement besoin d'adopter la totalité des principes et des conséquences présentés par M. Poisson. Que toute matière gazeuse, soumise à une condensation quelconque, dégage une grande quantité de calorique, et que ce calorique puisse devenir lumineux, c'est ce que nous avons besoin d'admettre, et c'est ce que nous admettons sans restriction aucune. Mais que la terre, comme les autres globes de l'univers, ait perdu toute sa chaleur d'origine, ou bien qu'elle conserve encore une quantité plus ou moins grande de cette chaleur développée par la solidification de tout ou seulement de partie de sa masse, c'est ce que, absolument parlant, il nous importe peu de savoir. La formation des corps célestes a-t-elle été le résultat d'une gravitation qui prédominait au centre de chacune de ces masses originairement fluides, à mesure que le principe primitif, si bien nommé esprit de Dieu, se portait à la surface ? Voilà la question qui nous intéresse essentiellement, et la seule que nous ayons à proposer ici.

« Or la science, qui a déjà constaté le fait merveilleux de la production de la lumière avant toutes choses, et le

fait non moins inattendu de la séparation des masses
stellaires et planétaires à l'état de vapeurs, en conséquence
de la mise en action d'une force centrale dans la masse
originelle, la science enseigne encore, les partisans de la
chaleur centrale aussi bien que leurs adversaires, que cette
même force agissait *au milieu* des eaux élémentaires de
chacune de ces agglomérations, ou que la formation des
corps célestes a été le produit d'une gravitation qui prédominait au centre de ces masses fluides, à mesure que
le calorique, ou le principe de la lumière, se répandait à la
surface. C'est-à-dire que la science reconnaît et proclame que les phénomènes décrits dans la Genèse, sont
ceux qui ont apparu dans l'organisation du monde physique, et dans la formation de chacune des masses qui
peuplent les espaces célestes.

« Dans le tableau cosmogonique de la Genèse, un
abîme ténébreux de matière impalpable et divisée jusqu'à
l'annihilation tenait, au commencement, la place du ciel
et de la terre. Mais l'esprit de Dieu, le principe de cette
diffusion absolue, se portait au-dessus de ces eaux invisibles, pour établir le siége de la lumière au-dessus de
toutes les choses matérielles. C'est alors que le principe de
la solidité des corps et de l'harmonie établie entre tous, se
manifeste au milieu des eaux élémentaires ; et que les
agglomérations de la matière, soumises collectivement et
séparément à l'influence de cet autre principe universel
qui prédominait au centre de chacune de ces agglomérations, tandis que le principe lumineux se portait à la surface, travaillent de concert, sous l'action continue de ces
deux grandes forces de la nature, à la procréation de toutes les mérveilles des cieux.

« Tel est l'ordre premier des décrets éternels ; et cette
première série de faits révélés, qui doit nous servir de

point de départ dans la recherche de la vérité, n'attend plus que la haute sanction promise par les nouvelles manifestations de la science sur la nature et le mode d'action de la lumière, sur la structure des nébuleuses et sur la constitution physique du soleil.

« En présence de ces faits doublement révélés, il ne nous est donc ni permis ni possible de nous arrêter à un système qui nous oblige à placer le foyer de la lumière au centre du soleil, et qui fait luire le soleil au centre de la nébulosité de notre monde planétaire avant la formation de la terre et des autres planètes. Le grand nom de M. Laplace ne fera pas non plus que nous croyions que la terre aussi, dans ses commencements, était un astre brillant, un véritable soleil; parce qu'au-dessus de l'autorité de l'homme nous reconnaissons l'autorité de Dieu, et que cette autorité infaillible nous a encore révélé que l'organisation *actuelle* de la terre est antérieure à l'organisation du soleil; que la terre était constituée, faite ARIDE, et sa surface appropriée aux besoins d'une végétation naissante, dès le troisième jour de la création, et que le soleil n'a été fait son luminaire, dans le firmament du ciel, qu'à la quatrième époque de cette création.

« C'est cet autre ordre des décrets de la Sagesse créatrice que nous allons mettre *en présence de la science moderne* dans les deux chapitres suivants. » (*Cosmog. de la révél.*, p. 164 et suiv., et p. 173, 174.)

Ces explications données, j'arrive au troisième jour de la *Théorie biblique de la cosmogonie* de M. Debreyne.

II.

TROISIÈME ET QUATRIÈME JOURS.

Manifestations de l'Ordonnance cosmogonique.

I. — Parce que, dans l'œuvre de régénération scientifique de M. Debreyne, l'opération cosmogonique du troisième jour génésiaque n'a trait qu'à la *retraite des eaux*, le chapitre sur cette opération intermédiaire n'offre d'autre particularité remarquable qu'un précis sommaire sur la richesse de la terre, alors débarrassée de la masse des eaux qui la recouvraient depuis sa formation. Ce troisième chapitre n'a de véritablement saillant que cet aperçu statistique sur la fertilité et les produits du sol terrestre au troisième jour de la création, le jour même de la *retraite des eaux* et la veille de la *formation des astres* :

« La terre est couverte d'une riche couche de limon humide et par conséquent imprégné d'une certaine proportion des divers sels que les eaux venaient d'emporter dans leur retraite. La végétation va y trouver toutes les conditions de développement et de prospérité que complétera une lumière abondante. Nous répondons ainsi aux vœux que formait M. de Candolle de voir un jour la science démontrer qu'une lumière suffisante existait à l'époque de l'apparition des végétaux. » (*Théor. bibl.*, p. 103.)

Ne voulant pas rappeler à M. Debreyne que cette démonstration n'était plus à faire, ou que M. Godefroy avait déjà répondu à ces vœux de M. de Candolle d'une manière beaucoup plus explicite (voy. *Cosmog. de la révél.*, p. 383 à 398), je passe à ses objections contre les auteurs qui ont traité de cette œuvre du troisième jour.

C'est principalement à M. Marcel de Serres que M. Debreyne adresse ici ses reproches. « Il s'agit, lui dit-il, de la formation des mers, et vous n'en dites pas un mot ; il s'agit de la cosmogonie de Moïse, et vous n'en faites nul cas. (1) »

Mais, M. Debreyne, M. Marcel de Serres pourrait vous faire le même reproche ; car, si la *formation des mers* est le titre que vous donnez à votre troisième chapitre, ce début : « La terre est formée, mais elle est encore ensevelie sous la masse des eaux, voyons comment elle s'en débarrasse ; » ce début n'annonce pas du tout qu'il s'agisse chez vous de la formation des mers. Puis, vous nous assurez que, « parmi les modernes, M. Chaubard est celui qui a le mieux décrit cette formation des mers. » (*Ibid.*, p. 97, 99, 198.) Mais, pas plus que vous,

______

(1) « D'après ce récit (le récit de l'œuvre cosmogonique du troisième jour), il est évident que la formation de l'Océan a précédé l'apparition des continents. »

C'est, en effet, dans cette simple assertion que se renferme l'auteur de la *Cosmogonie de Moïse comparée aux faits géologiques*. Il est vrai que les *cosmogonistes*, ses prédécesseurs, n'ont trouvé rien autre chose à dire sur cette troisième partie de la cosmogonie de Moïse. On va voir que M. Debreyne lui-même n'a pas été plus explicite que le *savant professeur de Montpellier*, qu'il accuse ici.

M. Chaubard n'a songé à faire pareille description. Et comment l'aurait-il pu? puisque, comme vous, dans son chapitre intitulé *Séjour des eaux de la création sur la terre*, il nous parle d'un cataclysme universel, d'une mer primitive qui couvre toute la surface de la terre dès le premier jour de la création. (*Éléments de Géologie*,p. 33, 53). Chez M. Chaubard, comme chez vous, il ne peut donc être question, et il n'est effectivement question que de la *retraite des eaux*, ou de la manière dont la terre *se débarrasse de la masse des eaux sous laquelle elle est ensevelie*, sans que vous vous soyez jamais mis en peine de nous édifier sur leur origine ou sur le mode de leur formation.

Vous nous dites que, « pour que les eaux se retirent et que la matière solide soit émergée, il faut que leur niveau soit changé ; » et ce changement de niveau vous l'expliquez ainsi : « Pour peu que les couches primitives solides aient été inégalement réparties, ce qu'il est facile d'imaginer en pensant aux courants qui devaient régner dans la mer universelle primitive, il a dû s'opérer un changement dans leur niveau, et en même temps qu'un côté de la terre se renflait, l'autre s'affaissait. » (*Théor. bibl.*, p. 98).

Nous voulons bien tout cela, pourrait vous répondre M. Marcel de Serres ; mais il s'agit de la cosmogonie de Moïse, et vous n'en faites nul cas ; car, dans cette cosmogonie, il s'agit, avant tout, *de la formation des mers*, et vous n'en dites pas un mot ; il s'agit, dans l'œuvre cosmogonique du troisième our génésiaque, de la formation des eaux qui constituent les mers, et vous nous parlez d'une mer universelle primitive et des courants qui existaient ou qui devaient exister dans cette mer originelle. Puisqu'*il s'agit de la cosmogonie de Moïse*, et que, dans la cosmogonie de Moïse, *il s'agit de la formation des mers*, ce n'était pas à M. Chaubard qu'il fallait nous renvoyer, mais à l'auteur de la *Cosmogonie de la révélation*. Aussi son début est un peu différent du vôtre et de celui de M. Chaubard; vous allez en juger :

« Après avoir inscrit dans son tableau cosmogonique le texte entier des lois primitivement imposées à la matière du ciel et de la terre, Moïse met en regard les résultats de l'action de ces deux grandes forces de la nature dans la contemplation des merveilles que présente l'ordonnance de la création. Dans cette seconde partie du plan génésiaque, la terre paraît la première, à la troisième époque, avant la manifestation des globes célestes. Le troisième jour, les eaux élémentaires, détachées de l'abîme originel pour être en firmament au-dessous, constituent une masse unique, une conglomération unique ; et c'est du sein de cette conglomération unique sous le ciel, que surgit le globe déjà consolidé de la terre.

« Les deux premiers jours, la lumière venait remplacer les ténèbres sur la face de l'abîme de la création, tandis que le firmament agissait au centre de ce même abîme qu'il divisait en abîmes distincts et séparés. Mais voici qu'il nous est révélé que, sous le ciel, il n'y eut qu'un seul abîme ; que les eaux en firmament au-dessous constituèrent une seule et unique conglomération, une congrégation unique, une synagogue unique; et que le globe terrestre, appelé ici l'aride, fut le produit du firmament fait au milieu de cet abîme unique sous le ciel.

« Et voici qu'en même temps il nous est révélé que les éléments qui englobent l'aride ou le noyau solidifié de la terre, voici qu'il nous est révélé que ces eaux extérieures du troisième jour sont les eaux de toutes les mers et de tous les fleuves, qui passent, à leur tour, de l'état de vapeurs à l'état d'agrégation, de condensation, en se déposant à la surface du globe terrestre solidifié le deuxième jour, à la surface du globe terrestre fait firmament au milieu des eaux.

« Les eaux du troisième jour s'agglomèrent dans un seul lieu pour ne constituer qu'une seule conglomération : « *Congregentur aquæ, sub cælo, in locum unum* « (in congregationem unam, in synagogam unam : ἐς « συναγωγὴν μίαν) ; » et c'est du sein de cette conglomération unique, sous le ciel (1), que surgit ensuite le globe déjà consolidé de la terre : « *Et appareat arida,* « *et vocavit Deus aridam terram.* » Puis, voici que l'historien de la création ajoute qu'à l'apparition de la terre, les eaux furent distribuées dans les divers bassins des mers; ce qu'il exprime en disant que Dieu donna aux amas des eaux, aux congrégations des eaux, le nom de mers, « *congregationesque aquarum appellavit maria.* »

« Dieu ne dit pas, que l'aride, que le solide soit fait, mais seulement, que l'aride paraisse, *appareat arida ;*

____

(1) « Dans le siècle de Voltaire, on n'aurait pas oublié de nous demander si la terre est sous le ciel. Aujourd'hui le bon sens public ferait justice d'une pareille objection. » (*Cosmog. de la révél.*, p. 178.)

parce que le commandement qui a pour objet la formation de l'aride ou de la masse solide date du deuxième jour ; parce que, si les cieux et toute l'armée des cieux, comme parlent les Livres saints, ont été affermis et consolidés au milieu des eaux par la parole du Seigneur, la terre aussi a été affermie et consolidée au milieu des eaux par cette même parole du Seigneur : *Et terra de aquâ et per aquam consistens Dei verbo.*

« Le *fiat* de la toute-puissance divine n'est pas intervenu dans ce récit, parce que les opérations dont il s'agit ne sont que les résultats ou comme les accessoires de la grande opération du deuxième jour. La terre, comme tous les autres globes de l'univers, soumise ce deuxième jour à l'action du firmament, voit les effets de cette force universelle se manifester enfin à sa surface. C'est ce que Moïse, qui n'avait rien spécifié, nominativement rien distingué dans cette opération du deuxième jour, devait constater et s'empresse de constater ici, avant de proclamer l'investiture d'un autre ordre de choses, supérieur à l'ordre physique. Car, dans la Cosmogonie sacrée, ce n'est pas seulement la constitution de la terre qui précède la constitution du soleil : dans cette Cosmogonie, la création des premiers végétaux à la surface du globe terrestre est encore antérieure à l'organisation de l'astre régulateur du jour et de la nuit, de la lumière et des ténèbres.

« L'appréciation de cette antériorité d'action trouvera sa place dans l'examen de l'œuvre du quatrième jour. Ici nous ne devons nous occuper que de ce qui est relatif à la constitution physique du globe terrestre.

« Considérons tout d'abord, en n'envisageant plus le récit historique que sous son point de vue spécial, par rapport

à la terre et à sa constitution physique (1), considérons
que ce précis synoptique fait état de deux opérations distinctes et successives ; de la condensation ou de l'agrégation des eaux élémentaires à la surface du globe terrestre fait firmament au milieu de ces mêmes eaux ; et de

(1) M. Godefroy dit ici qu'il n'envisagera plus le récit historique que
sous son point de vue spécial. C'est qu'il a commencé par examiner le récit
de l'œuvre du troisième jour sous le point de vue cosmogonique, relativement à l'universalité des choses de la création.

Dans ces considérations premières, il expose que Moïse, dont la mission
spéciale était de nous révéler les origines du globe que nous habitons, ne
nous parle que de l'agglomération des éléments *sous le ciel,* c'est-à-dire
que des éléments détachés et séparés du ciel pour constituer un système
à part, une conglomération isolée, une synagogue indépendante. Il expose
que, ce troisième jour, Moïse ne nous dit rien de l'agglomération des éléments
constitutifs du ciel qu'il appellera, le quatrième jour, le firmament du ciel, *firmamentum cœli ;* qu'il lui suffit présentement de spécifier que les éléments
sous-célestes n'ont occupé qu'un seul lieu, n'ont constitué qu'un seul système,
qu'une seule et unique synagogue, *in locum unum, in synagogam unam,* parce
qu'alors nous comprenons que les divers systèmes célestes sont le produit
de l'agglomération de ces autres abîmes PRÉPARÉS POUR LES CIEUX : nous
comprenons qu'à l'opposite des choses terrestres ou des éléments constitués
EN FIRMAMENT SOUS LE CIEL, les choses célestes ou les éléments constitués
EN FIRMAMENT DU CIEL ont composé une infinité de conglomérations distinctes dans l'immensité de l'espace.

Après avoir examiné ce même récit dans sa spécialité directe, relativement à la constitution du globe terrestre, M. Godefroy, revenant au point
de vue cosmogonique, son objet capital, arrive à cette conclusion générale :

« Suivant la physique de Moïse les mers et les cieux auraient une commune
origine : les mers *iamim,* ou les eaux constituées le troisième jour, auraient
la même origine que les cieux *scamaim,* ou que les différents corps célestes
et planétaires. Mais, suivant la physique de Moïse, les principes élémentaires, les semences des choses, les eaux gazeuses de l'abîme universel du
premier jour, les eaux principes, *maim,* faites consistantes le deuxième
jour, sont séparées, ce deuxième jour, en firmament en-dessus et en firmament en-dessous ; et le troisième jour la terre sort toute constituée de ces
eaux en firmament en-dessous, elle *apparaît* du milieu de ces eaux, *iamim,*
qui dès lors constituent les mers.

« Par conséquent, suivant la physique de Moïse, la terre née de ces eaux
en firmament en-dessous, les mers nées de ces mêmes eaux, et les cieux
produits des eaux en firmament en-dessus, ou *les différents corps célestes et
planétaires* nés de cette EAU GAZEUSE de la création, auraient une com-

l'évulsion de ce firmament inférieur appelé ici élément aride, ou de l'émersion de l'élément central consolidé dès le deuxième jour. Que les eaux du firmament sous le ciel

mune origine. En d'autres termes, le ciel et la terre et les mers elles-mêmes, ou tout ce que comprennent le ciel et la terre, tous les corps solides et liquides, en un mot, auraient une origine commune.

« Mais, suivant la physique du xixe siècle, « le ciel et la terre ont « une origine commune, » et « l'eau elle-même dut être le résultat de « l'affinité des éléments créés dans un état que l'on peut supposer gazeux. » Dans les conclusions de la physique du xixe siècle, conclusions que viennent confirmer les découvertes des astronomes, « la matière dont les mondes sont « composés était d'abord à l'état gazeux, » et « c'est aux dépens d'une « immense masse gazeuse qu'ont été formés tous les corps solides et liquides « de notre système planétaire et de la terre en particulier. » Et dans les conclusions de la physique de Moïse, conclusions confirmées ou rappelées à la foi des nouveaux fidèles par le chef du Collége apostolique, la terre est faite firmament, faite consistante, *et terra de aquá et per aquam consistens*, au milieu d'une conglomération unique sous le ciel, séparée des con—glomérations préparées pour les cieux ; et le *medium* ou le noyau solide de cette conglomération unique sous le ciel, mis en manifestation de troisième jour, est appelé le solide ou l'aride, par opposition à cette dénomination caractéristique, *iamim*, conservée aux derniers produits de ce firmament sous-céleste, dénomination dérivée du primitif *maim* aussi bien que la dénomination attribuée aux produits du firmament du ciel, aux conglomérations préparées pour les cieux, dont la manifestation ne date que du quatrième jour.

« Par cette synonymie antithétique, Moïse suppléant ainsi à la pénurie de sa langue, nous donne à entendre que le ciel et la terre et tout ce que comprennent le ciel et la terre sont faits de la même matière, d'une matière originairement fluide ou à l'état libre. Il nous donne à entendre que les éléments agglomérés sous le ciel le troisième jour sont encore les éléments créés le premier jour et séparés des éléments du ciel le deuxième jour, mais seulement les éléments qui enveloppaient encore le noyau central, le globe déjà consolidé de la terre ; et que la condensation de ces derniers éléments à sa surface a eu pour produit immédiat une conglomération aqueuse, *iamim*, ou une mer universelle, une mer unique que l'évulsion terrestre ou l'émersion de la masse intérieure a divisée ensuite en plusieurs mers. Car alors, mais alors seulement, nous comprenons le sens de ces paroles placées au milieu du récit historique : « Que le solide, que l'aride apparaisse, *et appareat arida :* nous comprenons que ce second commandement a pour objet de faire surgir, au-dessus de cette mer unique ou universelle, la masse solidifiée de l'intérieur ; dernière opération qui constitue l'état physique du globe ou sa grande division en terre et en eaux. » (Voy. *Cosmog. de la révél.*, p. 177 et suiv. et p. 189 et suiv.)

s'agglomèrent dans un seul lieu, qu'elles ne constituent qu'une seule conglomération, *in locum unum, in congregationem unam*; c'est la première opération. Et que l'élément aride paraisse, *et appareat arida*; c'est la seconde opération.

« La première opération, ou la condensation des eaux élémentaires, *congregatione spissata*, détermine leur nouvelle modalité ou leur liquéfaction à la surface de la terre, qu'alors, mais seulement alors, une mer primitive recouvre entièrement, *terram longè latèque subsidens*. En d'autres termes, et pour reproduire toutes les explications des anciens interprètes du texte sacré, cette première opération est l'opération qui fait prendre à ces derniers éléments du globe terrestre solidifié dès le deuxième jour, la forme sous laquelle l'eau existe maintenant, *hæc congregatio appellanda est ipsa formatio, ut talis esset aquæ facies qualem nunc esse cernimus* (1).

« La seconde opération, ou l'évulsion de la masse solidifiée détermine la division de cette CONGRÉGATION UNIQUE des eaux en CONGRÉGATIONS MULTIPLES; dernière opération qui constitue l'état physique du globe terrestre, d'où résultent les dénominations distinctives de mers et de continents: *Et vocavit Deus aridam terram, congregationesque aquarum appellavit maria.*

(1 « Que les eaux se condensent, que les eaux prennent un état composé, un état de consistance : Aquila et Symmaque, tous deux si célèbres par leur traduction de la Bible faite mot pour mot sur l'Hébreu, traduisent dans ce sens l'expression originale que la Vulgate a rendue par celle-ci : *Congregentur*. A ce sujet nous pourrions faire observer que M. Hersan, et après lui M. Rollin, en traduisant un autre passage des Livres saints où la même expression est reproduite, ont remarqué qu'au lieu de *congregatæ* le texte original porte *coagulatæ*, la phrase hébraïque offrant ainsi l'idée du passage d'un mode d'existence matériel antérieur à un mode nouveau. Mais nous ne voulons faire intervenir ici que le texte nu dans toute la simplicité de son exposition économique. » (*Ibid.*, p. 184.)

« Or, sur ce premier point, sur le double phénomène de la condensation des eaux à la surface de la terre et du surgissement de cette surface au-dessus de son enveloppe liquide, il n'y a plus et il ne peut plus y avoir qu'une voix parmi les savants.

« Toutes les théories modernes amènent à cette conclusion, qu'à cette époque les eaux de toutes les mers et de tous les fleuves étaient tenues en dissolution dans l'atmosphère, qui devait occuper une grande étendue autour de la terre ; que les eaux sont le dernier produit de la condensation de la matière originelle ; que ce ne fut qu'à la dernière époque, ou après l'entière solidification de la surface du globe terrestre, que les eaux, jusque là retenues à l'état de vapeurs, purent enfin se condenser et se déposer à cette surface.

« Un second trait géologique non moins incontestable est que les montagnes, qui, selon la belle expression de Cuvier, forment le squelette et comme la grosse charpente de la terre, sont sorties du sein des eaux par voie de soulèvements. De ce principe géologique, découlent les conséquences les plus fécondes pour l'explication de tous les phénomènes que présentent les diverses couches dont se compose l'écorce du globe. Dans cette nouvelle théorie, l'apparition des continents ou la formation des divers bassins des mers n'est plus une énigme : on comprend comment fut exécuté cet ordre de l'Éternel : « QUE L'ARIDE PARAISSE. »

« Il est très-remarquable que Moïse emploie les mêmes expressions, soit qu'il décrive les opérations des principes générateurs que la Sagesse créatrice fait servir à l'exécution de ses desseins, soit qu'il nous représente l'organisation du monde physique comme le résultat de

l'action de ces deux grandes forces de la nature. Si
la lumière est le produit de l'opération d'un principe
universel qui agit au-dessus des choses matérielles, à
la surface des eaux, *super faciem aquarum*, la consistance du ciel, ou la base fondamentale de tous les
mondes et de tous les systèmes de mondes, est le produit
de l'opération d'un autre principe universel qui agit au
centre des choses matérielles, au milieu des eaux, *in
medio aquarum*. En conséquence, c'est du milieu des
eaux, c'est du milieu d'une congrégation de ces eaux de
la création que le globe terrestre apparaît. Et les eaux
qui vont constituer toutes les mers de ce monde à part,
sub cœlo, sont encore le produit, mais le dernier produit de la condensation des eaux de la création.

« Le troisième jour, les eaux du dessous, c'est-à-dire
les eaux séparées des abîmes préparés pour les cieux,
ces eaux sous-célestes, placées le deuxième jour sous
l'influence du ꜰᴀɪsᴀɴᴛ-ᴛᴇɴɪʀ-ꜰᴇʀᴍᴇ, continuent d'obéir
à l'action de cette force centrale qui agit en dernier lieu à
la surface ; et ces eaux du troisième jour se condensent en
s'agglomérant, *congregatione spissata*, autour ou à la surface du globe terrestre fait firmament dès le deuxième
jour. Mais, parce que l'agglomération de ces eaux principes est la cause efficiente de leur liquéfaction, parce
que cette agglomération est l'opération même qui détermine leur transmutation en une masse aqueuse qui
enveloppe l'aride ou la masse solide, *terram longè latèque
subsidens*, Moïse ne distingue que par son universalité,
il ne distingue que par sa qualification de sᴇᴜʟᴇ ᴇᴛ
ᴜɴɪ'̨ᴜᴇ cette conglomération primitive, des conglomera-
tions qui constituent les mers ᴀ ʟ'ᴀᴘᴘᴀʀɪᴛɪᴏɴ ᴅᴇ ʟᴀ ᴛᴇʀʀᴇ. »
(*Cosmog. de la révél.*, p. 175 et suiv.)

C'en est assez pour vous convaincre que si M. Godefroy décrit la formation des divers bassins des mers, il décrit aussi et avant tout la formation de ces mers. Vous pouvez le suivre dans tous les développements de sa double thèse, et vous assurer par vous-même que ses déductions sont toujours d'une conformité parfaite avec les enseignements de la science divine, mais aussi, il est vrai, avec les enseignements de la science humaine. Vous pouvez vous assurer encore que votre *retraite des eaux*, dont vous refusez d'expliquer l'origine, est une conception qui ne peut figurer dans une théorie *biblique de la cosmogonie* (1).

(1) « Nous n'ignorons pas que certains commentateurs n'ont voulu voir, dans la double opération décrite par Moïse, qu'un seul et même événement qui aura mis nos continents à découvert par la retraite des eaux. Mais rien dans la géographie physique ni dans le récit historique ne favorise cette opinion. Si les eaux qui enveloppaient le globe dans l'origine, comme le disent ces commentateurs, s'étaient rassemblées ou *retirées dans un seul lieu*, comme l'expliquent encore ces mêmes commentateurs, il n'y aurait sur toute la surface de la terre qu'un seul bassin pour toutes les eaux ; il n'y aurait qu'une seule et même nappe d'eau, il n'y aurait qu'une mer unique. Et pourtant nous voyons la surface de la terre partagée inégalement en terres et en eaux ; nous voyons ces eaux former plusieurs océans ou plusieurs mers extérieures, et chacune de ces mers extérieures former, sur chaque continent, un certain nombre de mers intérieures ou méditerranées. Ajoutons qu'il est avéré, en géologie, que ces mers intérieures étaient beaucoup plus multipliées autrefois qu'aujourd'hui ; que, dans l'origine, les mers moins profondes qu'elles ne le sont maintenant, occupaient un très-grand nombre de centres ou bassins plus ou moins resserrés, et souvent sans communication aucune entre eux. Or, l'interprétation de ces commentateurs ne saurait être en contradiction manifeste avec l'observation, sans être en même temps directement opposée à la lettre du texte sacré ; et c'est ce qui arrive en effet.

« Dans le récit génésiaque, les eaux s'agglomèrent ou se rassemblent EN UN SEUL LIEU, pour ne former qu'UNE SEULE ET MÊME CONGLOMÉRATION,

Maintenant, M. Debreyne, c'est vous-même que nous désirons entendre dans le développement de votre nouvelle théorie du firmament, dans votre *formation des astres*. Avec vous, nous ne procéderons pas par extraits, nous ne tronquerons pas vos preuves, nous n'interromprons pas le fil de vos raisonnements. Vous avez eu l'attention de nous avertir que dans cette quatrième exposition vous suivez scrupuleusement les errements de la science; vous nous avertissez que c'est en *tenant toujours la Bible d'une main et le flambeau de la science de l'autre que vous exposez la formation des astres. (Théor. bibl.*, Introd., p. 17.) Eh bien, cette exposition, nous

in locum unum, in congregationem unam ; et, dans ce même récit, ces eaux sont confinées dans DIVERS LIEUX, elles forment PLUSIEURS AMAS, PLUSIEURS CONGLOMÉRATIONS ou PLUSIEURS MERS : « *Congregationesque « aquarum appellavit maria,* et il donna le nom de MERS aux amas des eaux, « AUX CONGLOMÉRATIONS DES EAUX. » Évidemment ces amas des eaux en des lieux différents, ou, selon l'expression originale, CES CONGRÉGATIONS DES EAUX, qui deviennent autant de mers, ne sont pas le résultat du rassemblement des eaux dans un seul lieu, ou de leur agglomération en une seule masse, EN UNE SEULE CONGRÉGATION. Ce qu'il pouvait y avoir d'obscur dans le 9ᵉ verset est clairement expliqué par ce qui précède et par ce qui suit ; par ce qui précède, puisque nous sommes avertis que ces eaux qui s'agglomèrent SOUS LE CIEL, font partie des eaux élémentaires tirées de l'abîme universel du premier jour, et condensées et consolidées dans leur milieu dès le second jour; et par ce qui suit, puisque ces eaux agglomérées sous le ciel ne doivent occuper qu'un seul et même lieu, ne doivent composer qu'une seule et même masse, une seule et même congrégation; et que les eaux dont il est question dans le verset suivant, sont divisées et partagées en plusieurs masses, en plusieurs congrégations, pour former autant de mers dans des lieux différents. Il faut donc qu'il y ait eu une opération intermédiaire entre cette agglomération des eaux élémentaires en une seule congrégation aqueuse ou en une mer universelle, et la distribution des eaux de cette congrégation unique en plusieurs congrégations ou plusieurs mers. Cette opération intermédiaire est l'évulsion terrestre, ou le surgissement

la rapportons entière et complète, telle enfin que vous nous la donnez à la suite de votre chapitre sur la formation des mers.

II. — « Déjà le cœur de l'univers est formé ; déjà le firmament existe entre le ciel et la terre ; et nous pouvons nous faire une idée des eaux supérieures, eaux génératrices, matière nébuleuse, élastique, dont la Sagesse éternelle avait enveloppé l'objet de ses délices, le futur séjour d e l'homme.

« Voyez-vous maintenant le firmament s'étendre, les masses nébuleuses s'agglomérer en astres, et tourbillonner dans l'espace au sein de la lumière ?

de la surface solidifiée du globe au-dessus de cette enveloppe liquide, au-dessus de cette mer primitive.

« Cette vérité capitale ressort en toute évidence de chacune des expressions des deux versets de la Genèse que nous examinons ici. « Que l'élément aride « paraisse : » l'ARIDE, par opposition à ce liquide universel, l'élément aride, par opposition à l'élément aqueux ; PARAISSE : l'élément aride n'était donc pas visible auparavant, il était donc caché, couvert, enseveli, l'eau le recouvrait donc entièrement ; et c'est du sein des eaux qu'il APPARAIT, *appareat ;* car telle est l'expression simple, mais sublime de l'original. Et Dieu donne à ce nouvel élément qui apparait à découvert le nom de terre, et il appelle les amas des eaux mers. LES AMAS DES EAUX, *congregationes aquarum :* il n'y avait qu'un seul amas, qu'une seule nappe d'eau, *congregationem unam,* avant l'apparition de la terre ; mais la terre, en apparaissant, en se montrant au-dessus de l'immensité de ces eaux, les a divisées, et d'une mer universelle elle en a fait plusieurs mers, *congregationesque aquarum appellavit maria.* Ce nom de mers n'est donné aux eaux qu'après qu'elles eurent été divisées par le surgissement de la masse intérieure consolidée dès le deuxième jour ; et la terre, qui n'apparait qu'après la formation des eaux, reçoit son nom la première, parce que, avant son apparition, l'universalité des eaux n'était susceptible d'aucune dénomination particulière, parce qu'aucune autre dénomination que celle d'amas unique, d'agglomération unique, ne convenait à leur universalité. » (*Cosmog. de la récel.,* p. 192 et suiv.)

« Dans le quatrième jour, même agglomération, même condensation pour la matière supérieure que pour la matière inférieure. Nous ne répétons point ici ce que nous avons dit en parlant de la terre. Maintenant, les eaux supérieures, cette matière primitive, élastique, coulante, n'est plus aqueuse, elle est la matière des astres. Chacun d'eux, par l'agglomération de sa part de molécules élémentaires, balance dans le ciel sa masse lumineuse, soutenue par le firmament, par la ténuité même de l'espace. Les Platoniciens ne l'ignoraient pas, puisqu'ils disaient que le firmament comprime tout et forme le lien de toute la création : *Firmamentum constringere omnia, continuitatis esse causam.*

« Qu'elle est donc puissante et efficace, cette force luminique ! Elle l'est d'autant plus qu'elle est une. C'est qu'elle est l'action de Dieu : action lumineuse dans l'univers-copie comme dans l'univers-typique, dans les êtres matériels comme dans les êtres immatériels. » (*Théor. bibl.*, p. 141, 142.)

Nous ne vous parlerons pas de l'étonnement des Platoniciens s'ils venaient à savoir que leur firmament, principe comprimant et lien de toute la création, n'est rien autre chose que *la ténuité même de l'espace*. Mais, dites-nous : Voilà donc tout ce que nous avions à attendre de votre *distinction capitale* entre la lumière-force et la lumière véritable ; voilà tout le parti que vous avez su tirer de ce *puissant moyen scientifique*, par vous mis *entre les mains des astronomes et des physiciens*. Votre recette à l'usage des nouveaux adeptes ressemble un peu à celle de ce docteur Croly que le savant Wiseman appelle le premier de tous les visionnaires ; lequel docteur, lui aussi, préconise, comme un puissant spécifique, sa découverte d'un merveilleux parallélisme entre Abel et les Vaudois, Moïse et Constantin, Esdras et Luther, Néhémie et l'Electeur de Saxe. (*Voy. Disc. sur les rapp. entre la science et la relig. révél. 5 e Disc.*)

Vous ne voulez point répéter ici, *vous ne répétez point ici ce que vous avez dit en parlant de la terre.* Mais, M. Debreyne, vos enseignements sur cette première formation se réduisent à cette simple assertion, qu'à mesure que la matière se condensait sur le noyau central, celle de l'espace ou la matière des astres se raréfiait et devenait ténue au plus haut degré. Assurément il n'y a là rien d'*éminemment capable de donner la raison de tous les faits astronomiques*, rien même qui puisse nous édifier sur l'origine et sur la similitude des mouvements des corps célestes, enfin rien de relatif à la *formation des astres.*

Si le système de l'illustre Laplace, si méthodique, si savamment combiné, si ce système modifié dans le sens des découvertes les plus récentes et les plus positives, si ce système PUR ou MODIFIÉ *ne peut cependant suffire aux exigences de la science,* une explication qui n'explique rien ne semble pas destinée à le remplacer avec avantage. Votre espoir à cet égard paraît d'autant moins fondé, que, tout en faisant de la terre le *centre de la création*, votre explication nous laisse dans une ignorance absolue sur l'époque de la formation de ce *cœur de l'univers ;* de telle sorte que nous ne savons plus à quel jour de la Genèse, ou à quel instant de la création remonte la naissance de notre planète, et que même nous ne pouvons plus dire si son existence est antérieure ou postérieure à la naissance de la lumière.

D'une part, vous enseignez que « tout découle du *fiat lux ;* » qu'avec le *fiat lux* et seulement avec le *fiat lux* « commencent la succession des choses, le mouvement et les propriétés de la matière ; » que « ce grand principe d'unité est la loi suprême de toute la création ; » que l'organisation du chaos ne date que du moment de la production de la lumière ; » que « l'introduction des formes dans la matière date du moment où la lumière fut produite. » (*Théor. bibl.*, p. 37, 33, *et* Introd., p. 11, 14, 15.) Et, d'une autre part, vous nous dites que « la terre, formée la première, au centre de la matière universelle, fut éclairée sans le soleil du moment que la lumière fut faite. » (*Ibid.*, p. 109.) La formation de la terre serait-elle antérieure à l'organisation du chaos, antérieure à l'introduction des formes dans la matière ?

Il paraît qu'en définitif, c'est à ce dernier parti que vous vous arrêtez, c'est d'après cet autre point de doctrine que nous devons régler notre croyance ; car vous enseignez ailleurs qu'à l'époque du déluge « la terre a été momentanément rendue à l'état où elle était *avant l'apparition de la lumière,* quand les eaux couvraient toute la terre. » (*Ibid.*, p. 281.)

Ainsi, définitivement, la terre existait, la terre était formée, la terre était déjà couverte de ses eaux, comme elle le fut derechef au temps du déluge, avant la promulgation de la loi suprême de toute la création, avant même que *le Tout-Puissant eût voulu organiser la matière*. Définitivement, nous devons croire que *la terre fut éclairée sans soleil du moment que la lumière fut faite*.

Mais, alors, pourquoi prendre la peine de nous avertir, dans votre chapitre de la *formation des astres*, que vous ne répéterez point ce que vous avez dit en parlant de la terre, puisque vous n'avez pu nous rien dire de cette formation du cœur de l'univers, puisque, en bonne conscience, vous ne pouviez rien dire d'une formation que vous faites antérieure à l'introduction des formes dans la matière? Il faut donc que vous reconnaissiez que votre *Théorie de la cosmogonie* n'est pas même une théorie de la formation de la terre, comme nous l'avions cru d'abord.

Après cela, il devient inutile de nous occuper des considérations que vous présentez avec tant de complaisance sur la forme et sur le mouvement de la lune, pour en déduire ce que vous appelez « un avertissement sérieux aux savants, » une « preuve générale et directe, » une « preuve éclatante que la terre s'est formée la première au centre de l'amas de matière universelle, et que la lune avec les autres astres ne s'est formée que le quatrième jour. »

Fort de cette grande découverte, vous ne craignez plus d'affirmer que « la destination de tous les astres est d'éclairer la terre ; » et tous ces astres, vous les placez « dans le firmament du ciel » (*Ibid.*, p. 79, 96, 97, 158) ; distinguant ainsi le firmament du ciel des corps célestes qui le constituent.

Ici nous vous arrêtons pour vous parler d'une autre *preuve* ou *avertissement* qui va droit à votre adresse, et dont vous auriez dû faire votre profit avant nous.

« D'après la Genèse, le soleil et la lune sont les luminaires que Dieu a établis pour éclairer la terre et présider au jour et à la nuit. Le texte porte expressément que Dieu n'a établi que deux luminaires, l'un plus grand pour présider au jour, et l'autre moins grand pour présider à la nuit : *Luminare majus ut præesset diei, et luminare minus ut præesset nocti*. Et, d'après la Genèse encore, le firmament du ciel dans lequel furent disposés les deux luminaires est le ciel étoilé, ou ce que toute l'Écriture appelle avec Moïse les astres du ciel, *astra cœli*, la milice du ciel, *militiam cœli*, l'armée du ciel, *exercitum cœli*, la puissance du ciel, *virtutem cœli*, la force du ciel, *fortitudinem cœli* (1).

____

(1) « L'historien de la création ne se borne pas à nous dire que des luminaires furent institués dans le firmament du ciel ; il nous dit en même temps quels sont ces luminaires, et pour quelles fins ils furent institués, et encore quel est ce firmament du ciel dans lequel furent institués ces luminaires. Le texte porte :

« Dieu dit ensuite : Qu'il y ait des luminaires dans le firmament du

« Si une idée commune aux mots *ciel* et *firmament* les fit employer indifféremment pour désigner les cieux ou l'universalité des merveilles des cieux, ces deux termes, néanmoins, eurent toujours des différences marquées, ou chacun une signification particulière. Chez tous les écrivains sacrés, le mot *ciel*, d'une signification généralement plus étendue, désigne particulièrement les espaces célestes, le lieu où sont disséminés les corps

« ciel pour séparer le jour et la nuit, et distinguer les temps et les saisons,
« les jours et les années; qu'ils brillent dans le firmament du ciel, et
« qu'ils illuminent la terre. Et il fut fait ainsi. Dieu fit donc deux grands lu-
« minaires, l'un plus grand pour présider au jour, et l'autre moins grand
« pour présider à la nuit.

« *Dixit autem Deus : fiant luminaria in firmamento cœli, et divi-*
« *dant diem ac noctem, et sint in signa et tempora, et dies et annos, ut*
« *luceant in firmamento cœli et illuminent terram. Et factum est ita. Fe-*
« *citque Deus duo luminaria magna, luminare majus ut præesset diei, et*
« *luminare minus ut præesset nocti.* »

Puis, la Genèse ajoute un mot, un seul mot : « et les étoiles, *et stel-*
las, » pour marquer que la manifestation du ciel étoilé ou du firmament du
ciel est aussi le résultat de cette dernière disposition du Créateur. Ce mot
ainsi placé incidemment au milieu du récit historique, l'écrivain sacré continue en ces termes :

« Et il les mit (les deux luminaires) dans le firmament du ciel pour luire
« sur la terre, pour présider au jour et à la nuit, et pour séparer la lumière
« et les ténèbres.

« *Et posuit ea in firmamento cœli, ut lucerent super terram, et*
« *præessent diei ac nocti, et dividerent lucem ac tenebras.* »

« La Vulgate porte *et posuit eas;* mais c'est une erreur manifeste de saint
Jérôme. Dans l'Hébreu, et dans la Version des Septante, ce pronom *eas* de
la Vulgate est du même genre que le substantif *luminaria*, et se rapporte
à ce substantif, c'est-à-dire aux deux luminaires. La corrélation existante
entre ce dernier membre de phrase et ce qui précède, fait voir qu'en effet
il n'est question ici que des deux luminaires, et nullement des étoiles.
La concordance et la correspondance parfaite des expressions employées
dans ces deux propositions synonymiques ne laissent aucun doute à cet
égard.

« Dieu institue deux grands luminaires, l'un plus grand pour présider au
jour, *ut præesset diei*, et l'autre moins grand pour présider à la nuit, *ut*
præesset nocti : première proposition. Et Dieu les met dans le firmament du

célestes, et le mot *firmament du ciel*, ces corps célestes eux-mêmes. Ainsi, tous les auteurs des Livres saints emploient indifféremment ces expressions, l'armée du ciel, la milice du ciel, les astres du ciel, les étoiles du ciel, etc., dans le sens de firmament du ciel. Mais aucun des auteurs inspirés ne s'est servi de ces expressions, l'armée du firmament, la milice du firmament, les astres ou les étoiles du firmament, parce que, dans la langue

ciel, pour présider au jour et à la nuit, *ut præessent diei ac nocti :* seconde proposition. Évidemment, les luminaires que Dieu met dans le firmament du ciel « pour présider au jour et à la nuit, » sont ces mêmes luminaires que Dieu vient d'instituer, « l'un plus grand pour présider au jour, et l'autre « moins grand pour présider à la nuit. »

« Il y a dans cette exposition synoptique du quatrième jour, comme dans l'exposition du deuxième jour, deux choses bien distinctes : le décret de Dieu et l'exécution de ce décret. Or, ici le décret de Dieu est en forme complexe. Dieu ordonne qu'il y ait des luminaires pour marquer la succession du jour et de la nuit; et Dieu ordonne qu'ils brillent, ou, comme le porte le Grec d'après l'Hébreu, qu'ils soient en splendeur, *in splendorem*, εἰς φάσιν, dans le firmament du ciel, pour éclairer la terre. En conséquence l'exécution est décrite en forme complexe. Dieu établit deux grands luminaires, l'un plus grand pour présider au jour, et l'autre moins grand pour présider à la nuit ; et, ces deux luminaires, il les met en splendeur dans le firmament du ciel pour éclairer la terre, pour présider à ses jours et à ses nuits, et marquer la succession de la lumière et des ténèbres.

« Ce *posuit in firmamento cæli* de la Vulgate nous rappelle cette magnifique prosopopée du Livre des Psaumes : *In sole posuit tabernaculum suum.* Ces expressions de la Genèse, auxquelles le Psalmiste fait ici allusion, s'appliquent et ne peuvent s'appliquer qu'au soleil et à l'astre qui exerce avec lui un souverain empire dans le firmament du ciel ou sur tout le ciel étoilé. Évidemment et bien évidemment encore, il n'y a que du soleil et de la lune qu'il a pu être dit, qu'ils sont établis dans la splendeur, *in splendorem*, εἰς φάσιν, parmi les astres du ciel, dans le firmament du ciel. Moïse a voulu spécifier la supériorité relative, ou la prééminence des deux astres qui seuls président à nos jours et à nos nuits. Et ce firmament du ciel est ce qu'il appelle ailleurs la milice du ciel, *militiam cæli*, les astres du ciel, *astra cæli*, distinguant toujours le soleil et la lune de tout le reste du ciel, du firmament du ciel : *Solem et lunam et omnem militiam cæli; Solem et lunam et omnia astra cæli.* » (Cosmog. *de la révél.*, p. 311 et suiv.)

sacrée, cette expression, *le firmament du ciel*, est un terme générique qui comprend dans sa commune acception l'universalité des merveilles des cieux, parce que c'est le mot sacramentel sous l'acception duquel est désigné collectivement tout ce qui constitue le ciel. Enfin, chez tous les auteurs bibliques, le ciel désigne généralement la sphère céleste ; et, chez tous ces auteurs, le firmament du ciel, le firmament d'en haut, ou tout simplement le firmament, quand il s'agit des choses du ciel, désigne toujours les corps ou les ouvrages que renferme cette sphère.

« Ces idées distinctives ont été négligées par la plupart des interprètes. De là il est arrivé que certains commentateurs, ne faisant plus attention à la différence qu'offrent ces expressions dans leur synonymie, ont défiguré le récit historique, en transportant au quatrième jour ce qui fait l'objet principal de l'œuvre du deuxième jour. De là aussi leurs erreurs d'interprétation sur le firmament du deuxième jour, substitué au chaos universel, à l'abîme du premier jour, sur ce firmament, cause productrice et conservatrice de l'univers matériel ou du ciel universel, du ciel considéré dans son universalité absolue, du système du monde enfin, de ce système universel dont une partie retient le nom de ciel ou de firmament du ciel, parce que le ciel est la plus grande et la plus belle partie de ce produit du firmament, *quia hujus firmamenti major et melior pars sunt cœli.*

« Le deuxième jour, la grande loi de l'univers est promulguée : la forme est introduite dans la matière ; et le produit de cette force nouvelle est l'univers matériel, produit appelé aussi allégoriquement et symboliquement firmament, du nom de sa cause productrice et conservatrice : *Vocavitque Deus firmamentum cœlum.*

« C'est pourquoi, dès le troisième jour, la terre constituée et séparée du ciel n'attend plus, pour se manifester dans la création, que ce dernier ordre du Créateur : *Appareat arida.* Mais la terre n'a pas encore de luminaires dans le ciel du troisième jour : aucun des corps célestes n'a encore reçu la mission de luire sur la terre ; et parce que la terre n'a pas encore de luminaires, le ciel n'a pas encore reçu la sanction divine : *Restitit tantisper Conditor, et expectavit dum fierent luminaria.*

« Le quatrième jour, le soleil et la lune sont faits les luminaires de la terre : ils sont établis dans le firmament du ciel pour éclairer la terre, *ut luceant in firmamento cœli et illuminent terram.*

« Dans la paraphrase de l'Ecclésiastique, le soleil et la lune sont des vases d'élection, des luminaires appropriés à l'usage de la terre, son glorieux apanage dans la milice céleste, dans le firmament du ciel, *sol,* VAS, *et luna,* VAS, *castrorum in excelsis, in firmamento cœli resplendens gloriosè.* Le firmament d'en haut est la réunion de toutes les merveilles du ciel : c'est ce qui en constitue toute la gloire et toute la magnificence, *altitudinis firmamentum pulchritudo ejus est, species cœli in visione gloriæ.* Mais le soleil est le vase d'élection, admirablement disposé dans ce firmament d'en haut pour publier par toute la terre qu'il inonde de ses feux la grandeur et la majesté du Créateur, *sol in aspectu, annuntians in exitu,* VAS, *admirabile opus Excelsi, in meridiano exurit terram : Magnus Dominus qui fecit illum.* Et la lune, cet astre si bien approprié aux besoins de la terre, cet autre luminaire qui décroît jusqu'à extinction pour croître ensuite et briller de tout son éclat, la lune est aussi un vase d'élection : c'est le luminaire choisi parmi tous les corps célestes, dans tout le firmament du ciel, pour le service exclusif de la terre, *et luna in omnibus, in tempore suo, ostensio temporis et signum œvi, luminare quod minuitur in consummatione, crescens mirabiliter in consummatione, vas, castrorum in excelsis, in firmamento cœli, resplendens gloriosè.*

« Et parce que la manifestation de l'ordonnance de la création est le résultat de l'exécution de cette dernière disposition du Créateur, le mot qui résume toutes les autres merveilles des cieux, *stellas*, est inscrit à la suite de la dénomination des deux luminaires, dans le tableau synoptique du quatrième jour, qui devient ainsi le jour complémentaire de la Cosmogonie génésiaque : *Luminare majus, luminare minus, et* STELLAS.

« Sans doute CELUI qui a mis le soleil et la lune en prééminence dans le firmament du ciel pour l'utilité de la terre, *ut illuminent terram*, est aussi le dispensateur de la lumière des étoiles : c'est tout ce que Moïse a voulu spécifier par ce mot *stellas* placé au milieu de son récit. Mais la lune seule exerce avec le soleil sa prééminence sur ce firmament du ciel : la lune seule préside à la nuit, de même que le soleil seul préside au jour, comme le répète et comme le chante l'Église dans son office du quatrième jour :

> « Ut sol diei, candida
> « Sic luna nocti praesidet. »

« Cependant la révélation n'a pas voulu nous laisser ignorer que ces étoiles ont aussi leur mission toute spéciale. Elle a voulu que nous sachions que ces autres soleils de la création sont destinés à illuminer les mondes des espaces célestes; que ces étoiles sont les luminaires de la création tout entière : *Species cœli gloria stellarum, mundum illuminans in excelsis Dominus.*

« Pour ces autres mondes, aussi bien que pour le nôtre, Dieu a institué des luminaires, les uns plus grands pour présider au jour, et les autres moins grands pour présider à la nuit, *et stellas*. Et les étoiles, appelées à dispenser la lumière dans les lieux de leur juridiction, se sont empressées d'exécuter les ordres de celui qui les a faites : *Vocatæ sunt et dixerunt : Adsumus ; et luxerunt ei cum jucunditate qui fecit illas.*

« Le quatrième jour, le soleil et la lune sont mis en position de luire sur la terre, *posuit ut lucerent super terram*. Mais les étoiles, dit ailleurs l'Ecriture, ont dispensé la lumière, chacune dans le lieu qui lui était assigné, chacune dans son district, *stellæ autem dederunt lumen in custodiis suis.* Distinction éminemment remarquable, en ce qu'elle rend véritablement impossible toute discussion raisonnable entre la science et l'orthodoxie. » (*Cosmog. de la révél.*, p. 315 et suiv. et p. 418).

Mais, M. Debreyne, cette distinction éminemment remarquable, vous ne pouviez plus en saisir le sens ni en apprécier la valeur. En faisant de la terre le centre de la création et le but de l'œuvre du Tout-Puissant, vous ne pouviez plus avoir que des idées analogues sur la nature des étoiles et sur leur destination. Aussi vous appliquez-vous à démontrer que « les étoiles ne sont pas des centres de systèmes planétaires ; » que les planètes de Sirius, par exemple, « en supposant que cette étoile fût le centre d'un système planétaire, » que « nécessairement les planètes de Sirius pénétreraient dans notre système et seraient visibles à toutes les distances possibles ; » que « d'ailleurs la supposition qui faisait, des soleils ou des étoiles, des corps lumineux par eux-mêmes, doit tomber à jamais ; » que « la simple vue de Vénus aurait dû depuis longtemps faire justice de cette hypothèse. » (*Théor. bibl.*, p. 180, 181, et Introd., p. 17.)

En vérité, M. Debreyne, nous sommes tentés de ne plus voir en vous qu'un fervent disciple de l'abbé Matalène, un zélateur enthousiaste de l'*Astrométrie nouvelle*, où « il est prouvé de la manière la plus claire, que l'étoile de Vénus n'est pas si grosse qu'une orange ; que si cet astre venait faire une visite à la terre, nous ne le verrions pas encore aussi gros qu'une bille de billard ; que telle étoile qui viendrait à tomber sur la terre, ne saurait jamais produire sur notre globe plus de ravages qu'un biscaïen, lors même qu'il serait rougi au feu, à la manière des boulets incendiaires, qui sont bien autrement dangereux, non pour la terre, mais pour les bâtiments vers lesquels on les lance, » et encore, « que le soleil n'a que 19 centimètres et demi de diamètre, et que sa distance à la terre n'est, pour le 22 mars, que d'environ 1087 lieues. »

Nous nous confirmons dans cette pensée, en voyant que, comme chez vous, *il est prouvé* en même temps, dans cet ouvrage, *de la manière la plus claire*, « que la terre est plus grande que tous les corps célestes réunis en masse, et qu'elle occupe le centre du système planétaire et des espaces. » (*L'Anti-Copernic, Astrométrie nouvelle*, p. 1, 102, et 122.) Le seul point de dissidence, c'est que, moins conséquent ou seulement moins hardi que l'Anti-Copernic, vous continuez à faire tourner votre centre commun autour du soleil, vous consentez à laisser tourner autour de cet astre *le cœur de l'univers*.

Dans la nouvelle théorie du firmament, toutes les merveilles des cieux prennent naissance, et toutes à la fois, le lendemain de la distribution, dans leurs divers bassins, de la masse des eaux sous laquelle la terre était ensevelie depuis trois ou quatre jours. Dans votre œuvre de régénération scientifique, la formation des astres date du lendemain du développement, à la surface de la terre, d'une végétation luxuriante, favorisée par cette *retraite des eaux*, arrivée dans la matinée de ce même jour, la veille de cette formation du soleil, de la lune et des étoiles. Si l'on vous fait observer que « vingt-quatre heures sont bien courtes pour de si grandes opérations, » vous trouvez cette réponse : « Pour tirer la matière du néant, a-t-il fallu plus d'un instant ? » Et, si l'on vous demande : « A quoi bon ces astres télescopiques, ces étoiles, ces nébuleuses, cachés à tous les yeux ? » vous répondez encore sans hésiter : « A quoi bon ? à donner de l'occupation aux hommes. » (*Théorie biblique*, pages 158, 209.)

Nous n'avons nullement l'intention de vous chagriner dans vos convictions d'homme de science ou de docteur, ni de vous contrarier dans vos projets de réforme scientifique ; mais, avant tout, il s'agit de la cosmogonie de Moïse, et vous ne faites nul cas de cette cosmogonie ; il s'agit, dans l'œuvre cosmogonique du quatrième jour génésiaque, de l'institution des deux luminaires appropriés aux besoins de la terre, et vous ne dites pas un mot de cette institution. Vous ne dites pas un mot de la distinction établie entre ces luminaires de la terre et tous les autres globes stellaires qui composent avec eux le firmament du ciel. Vous ne faites nul cas de cette distinction si bien marquée par Moïse, et constamment reproduite avec la plus rigoureuse exactitude par tous les autres écrivains sacrés ; distinction éminemment significative que M. Godefroy a rappelée à l'attention des théologiens et des cosmogonites. Vous ne craignez pas de vous mettre en contradiction flagrante avec tous les auteurs bibliques, en distinguant, au contraire, en vous obstinant à distinguer le firmament du ciel des corps célestes qui le constituent.

Puis, vous voulez que toutes les étoiles, tous les astres télescopiques, toutes les nébuleuses, qui constituent ce firmament du ciel, soient les luminaires de la terre ! Dans votre nouvelle théorie du firmament, *la destination de tous les astres est d'éclairer la terre*, et tous ces astres, même ceux *cachés à tous les yeux*, ont pour mission spéciale de *donner de l'occupation aux hommes*. Dans votre œuvre de régénération scientifique, toutes ces étoiles, toutes ces nébuleuses, tous ces cieux des cieux, comme parlent les

7

Livres saints, sont le produit instantané d'une vertu occulte qui ne se manifeste que le quatrième jour : toutes les hiérarchies célestes se mettent à *tourbillonner* dans l'espace, *soutenues* qu'elles sont *par la ténuité même de cet espace*. Et, après nous avoir prémunis contre l'hypothèse qui faisait des soleils ou des étoiles, des corps lumineux par eux-mêmes, vous venez nous demander *si nous voyons maintenant ces soleils ou ces étoiles agglomérer leur part de molécules élémentaires, et balancer dans le ciel leur masse* LUMINEUSE. Et vous osez dire que c'est en *tenant toujours la Bible d'une main et le flambeau de la science de l'autre, que vous exposez la formation des astres !*

Ce flambeau que vous tenez à la main peut bien être le flambeau de l'*Anti-Copernic*, le flambeau de la science de l'abbé Matalène; mais, assurément, la Bible dont vous parlez n'est pas la Bible que nous connaissons.

La Bible que nous connaissons n'entre dans aucune explication sur la disposition des merveilles étrangères à notre globe, parce que l'histoire de la création ayant été écrite pour l'homme, ce sont principalement les choses qui regardent l'homme et sa demeure que l'inspiration y a voulu spécifier. Dieu n'a pu vouloir faire le dénombrement de ses ineffables opérations dans chacun des mondes et des systèmes de mondes dont se compose le firmament du ciel. D'aussi hautes révélations dépassent évidemment toutes les forces du gérant temporaire d'un des moindres districts de l'une de ces hiérarchies perdues dans les incompréhensibles profondeurs de cet océan stellaire : *Tradidit disputationi corum.*

Mais si la Bible que nous connaissons nous apprend qu'il y a des mystères dont la connaissance n'appartient qu'à Dieu seul, *abscondita Domino Deo nostro,* elle nous apprend aussi que les maniestes ou les décrets de la Sagesse divine dans l'ordination des choses de la création, offerts aux investigations de l'homme, feront dans tous les siècles l'objet de ses études et de ses contemplations, *que manifesta, sunt nobis et filiis nostris usque in sempiternum : Omnia enim quærentur in tempore suo.* (*Deuter.*, xxix, 29. *Eccli.*, xxxix, 26.)

Or, de tous les faits cosmogoniques spécifiés au livre des générations du ciel et de la terre, le seul qui ne soit point du ressort de cette intelligence créée à l'image de Dieu, et par conséquent le seul qui ne soit point du domaine de la philosophie naturelle, parce qu'il ne procède pas du *fiat* ou de la Sagesse de Dieu, mais de sa toute-puissance, est le fait ou plutôt l'acte de la création de la matière.

Cette pensée grande et féconde, si diamétralement opposée à l'esprit de votre théorie explicative, le cosmogoniste que vous repoussez l'a développée en ces termes :

« Le grand miracle de la toute-puissance divine proclamé, *in principio creavit Deus cœlum et terram,* le récit de la Genèse ne présente plus qu'un ensemble de faits qui rentrent tous sous l'empire des lois naturelles déterminées par la volonté du Créateur, et qui par là s'accordent dans leurs généralités avec les observations ou les déductions de la science.

« Ainsi, au premier jour, le principe répulsif se dégage de la masse moléculaire de la création pour dominer à la surface de cette masse fluide, et bientôt ce principe universel devient lumineux.

« Au second jour, la force qui sert de lien et de support à tout l'univers matériel, ce firmament, cette vertu primitive et unique, qui fait et forme tout de la matière, cette force mystérieuse, qui préside à l'organisation du ciel et à la distribution des grandes masses de l'univers, prédomine au centre de l'abîme; et les éléments constitutifs de la terre sont séparés des éléments des cieux.

« Au troisième jour, la terre, distinguée de tous les autres produits de la création, a son nom patronymique : *Et vocavit Deus aridam terram ;* et son organisation au sein de la lumière reçoit la sanction divine.

« Alors, mais alors seulement, la lumière, ce premier produit de la création, vient faire l'ornement du firmament du ciel, du firmament du ciel CRÉÉ le premier jour, puis FORMÉ le deuxième jour, puis COMPLÉTÉ, PARACHEVÉ le quatrième jour; progression si bien exprimée, gradation si bien marquée par le prophète Isaïe, dans ce texte où le premier verbe *creavi*, BARA, désigne la création; le second, *formavi*, YATSAR, la formation ; et le troisième, *feci*, HASCA, l'achèvement, la confection : *In gloriam meam creavi eum, formavi eum, et feci eum.*

« D'après la Genèse, ce n'est donc que le quatrième jour que la lumière vient faire l'ornement du firmament du ciel, Moïse distinguant ainsi la lumière des corps célestes de leurs éléments constitutifs ou de leur firmament du deuxième jour; autre distinction capitale, pareillement reproduite chez tous les autres écrivains sacrés.

« Comme Moïse, les autres écrivains inspirés distinguent toujours le firmament du ciel, ou les globes célestes, de la lumière qui fait l'ornement de ce firmament du ciel. Ainsi, ils distinguent le globe solaire de la lumière dont il est revêtu, *sol et lumen;* ils distinguent les étoiles de leur lumière propre, *omnes stellæ et lumen.* Revêtu de lumière comme d'un vêtement, *amictus lumine sicut vestimento,* le Dieu créateur a revêtu les globes célestes de sa lumière indéfectible, de même qu'il a revêtu le globe terrestre d'une atmosphère nébuleuse : *Ego feci in cælis ut oriretur lumen indeficiens, et sicut nebulâ texi omnem terram.*

« Et chez tous les auteurs bibliques cette opération est décrite comme étant la dernière opération de la Sagesse créatrice dans l'ordination des cieux. Quand Dieu préparait les cieux, *quandò præparabat cælos,* il les préparait en assujettissant les abîmes à la gravitation, à cette puissance universelle qui affermit et consolide les corps en masses globuleuses, en systèmes sphériques, *certâ lege et gyro vallabat abyssos.* Et c'est sur ces masses globuleuses déjà consolidées, c'est sur ces systèmes sphériques préparés pour les cieux, qu'il condensait la lumière ou qu'il affermissait l'éther, *æthera firmabat sursùm.*

« Le premier jour, l'esprit de Dieu, *spiritus Dei,* se portait sur les eaux, au-dessus des choses matérielles, et la lumière fut produite, *et facta est lux;* et cet esprit de Dieu du premier jour est l'esprit qui orna ou qui illumina les cieux le quatrième jour, *spiritus ejus ornavit cœlos.*

« Alors, le quatrième jour, Dieu qui n'avait point donné sa sanction à l'opération du deuxième jour, parce qu'il fallait et un autre ordre pour que *la terre apparût*, et une dernière intervention pour que *la terre eût des luminaires dans le firmament du ciel*, le Dieu créateur du ciel et de la terre proclame enfin l'accomplissement de son œuvre : *Et vidit Deus quòd esset bonum.*

« Ainsi, d'après tous les dépositaires de la révélation écrite, ce n'est pas de la création du soleil en tant que corps céleste qu'il est question dans l'œuvre du quatrième jour génésiaque, mais bien de l'opération par laquelle ce globe central est devenu notre grand luminaire. Sa création, comme la création de la terre et de tous les autres globes célestes, date du premier jour, ou de la création du ciel et de la terre, c'est-à-dire de la création de la matière constitutive de tous les globes de l'univers, et sa formation en tant que corps céleste date du deuxième jour, ou du jour de l'introduction de la forme dans la matière. Mais ce globe immense n'est devenu pour la terre l'astre régulateur du jour et de la nuit, des saisons et des années, que le quatrième jour de la création ; de même que la terre, créée comme lui le premier jour, et comme lui comprise dans la grande opération du deuxième jour, n'a reçu sa forme apparente et distinctive que le troisième jour ou à la troisième époque génésiaque (1) : ordre et succession de créations ne présen-

____

(1) « Ce que nous disons ici du soleil nous devons le dire de la lune, de ce luminaire secondaire chargé de présider à la nuit, ou de réfléchir, en l'absence du soleil, cette lumière indéfectible que la Sagesse créatrice a disposée dans le ciel pour les besoins de la terre. Toute discussion à cet égard serait

tant plus rien que de conforme à ce que réclament les faits et les théories scientifiques, maintenant qu'il conste de tous les faits observés que le soleil est un globe solide et opaque, revêtu d'une photosphère sidérale, entièrement distincte de son firmament ou de ses éléments constitutifs. » *Cosmog. de la révél.*, p. 310, 319, 405.)

A cette exposition corrélative vous opposez une interprétation hétérodoxe sous le rapport biblique aussi bien que sous le rapport scientifique. Docteur ès-sciences de la Faculté de Paris, prêtre et religieux de la Grande-Trappe, vous venez opposer à cette doctrine toute scripturale, une *Doctrine nouvelle fondée sur un principe puisé dans la Bible*, c'est-à-dire, comme vous l'expliquez vous-même, sur une force luminique *dont Moïse ne parle pas, mais qu'il* LAISSE DEVINER. Pour faire de cette force dont Moïse ne parle pas, mais que vous avez devinée, la force qui seule régit et votre *univers-typique* et votre *univers-copie* dont Moïse ne parle pas davantage, et pour élever sur ce fondement biblique de votre invention le nouvel édifice de la science, vous rayez de la Genèse le FIAT FIRMAMENTUM, qui n'est plus pour vous qu'un néant, une abstraction, *la ténuité même de l'espace* ou un non-sens. Vous arrivez ainsi à inaugurer, sous le nom de *Théorie biblique*, une doctrine en contradiction permanente et avec les ensei-

---

superflue : il est évident que la lune, contemporaine de la terre, n'a pu être mise en position, *posuit*, de présider à la nuit, *ut præcsset nocti*, avant que le soleil eût été mis en position de présider au jour, *ut præcsset diei.* » (*Cosmog. de la révél.*, p. 405.)

gnements de la révélation divine, et avec les enseignements de la révélation humaine. Et vous ne voyez pas que vous avez encouru l'anathème porté contre les contradicteurs de l'une et de l'autre révélation! *Non contradicas verbo veritatis ullo modo.* Puisque vous avez eu le malheur de contredire la parole de vérité, du moins ayez confusion du mensonge où vous êtes tombé par ignorance : *Non contradicas verbo veritatis ullo modo, et de mendacio ineruditionis tuæ confundere.* (*Eccli.* IV, 30.)

J'ignore ce que M. Debreyne aurait à répondre à ces interpellations. Je n'ai pas à m'en occuper autrement; et je continue mon examen comparatif.

III. — Dans le nouveau système d'explication, la terre ne commence à tourner sur son axe que ce même jour, le premier jour de l'ordre astronomique de l'auteur et le quatrième jour de son ordre chronologique; mouvement de rotation qui alors donne naissance à un mouvement annuel de translation, appelé ici mouvement de *circumduction autour du soleil.* (*Théor. bibl.*, p. 144.)

« Si l'on a bien saisi l'exposé de notre cosmogonie et ses relations intimes avec le récit de Moïse, on comprendra aisément (c'est M. Debreyne qui parle) pourquoi la terre n'a commencé à tourner sur elle-même que le quatrième jour de la création. Cette opinion, loin de répugner à la science, peut seule faire disparaître les dif-

ficultés que les lois de Képler, de Newton et des autres
astronomes rencontrent dans les mouvements sidéraux et
dans les phénomènes lumineux des corps célestes. Il est
bien certain que le soleil, la lune et les étoiles ne furent
créés et mis en relation avec la terre que le quatrième
jour. Donc, la terre n'a dû commencer à tourner sur son
axe que ce jour : il n'y avait point de raison pour que
ce mouvement de rotation se fît plus tôt. » (*Ibid.*, p. 148,
149.)

Je ne sache pas qu'il ait jamais été fait mention
des difficultés que rencontreraient les lois de Képler
et de Newton. On nous dit, au contraire, que « aussi
longtemps que le *fiat firmamentum* sera écrit dans
la Genèse, la planète Leverrier publiera de toute sa
hauteur l'inaltérabilité de l'empreinte du doigt de
Dieu, et la gloire du géomètre qui a eu foi en l'invio-
labilité des décrets portés par le souverain Législa-
teur. » (*Cosmog. de la révél.*, p. 60.)

On nous dit encore :

« L'univers, cette magnifique expression de la pensée
du Créateur, est composé de parties diverses ; mais un
principe commun à tous les corps, et propre à chacun
d'eux en particulier, régit toutes les parties de ce grand
tout. *La pesanteur* est ce principe qui *sert de lien et de support à tout l'univers matériel ;* et la révélation nous apprend que c'est ce principe, que c'est cette cause unique
de la concentration et de la consolidation de la matière
fluide de la création, qui a présidé à l'organisation du ciel
et à la distribution des masses qui le composent ; non-

seulement à l'organisation du ciel ou des corps célestes, mais encore à la distribution de tous ces corps dans l'immensité de l'espace : *Fiat firmamentum et dividat*.

« Dans un univers où tous les systèmes gravitent les uns vers les autres, il faut un *medium* ou centre principal d'où dérivent toutes les forces qui maintiennent l'équilibre du mécanisme universel :

> « Un centre est au grand tout de la machine immense,
> « Ce qu'à l'âme est un Dieu, centre d'intelligence. »

« Aussi l'opinion générale des astronomes est que tout le ciel étoilé est animé d'un mouvement de rotation autour d'un axe central ; et des observations directes fournissent des arguments en faveur de cette idée féconde, que tous les corps célestes sont assujettis à une seule et même loi, et ordonnés d'après un plan unique.

« Tout tourne donc ; la terre autour du soleil ; le soleil « autour du centre de son système ; ce système autour « d'un centre qui lui est commun avec d'autres systèmes ; « et cet assemblage, ce groupe de systèmes autour d'un « autre centre commun. »

« Cette conclusion pouvait peut-être encore être considérée comme une simple probabilité à l'époque où écrivait Lambert. La découverte des étoiles binaires a changé cette probabilité en certitude : les mouvements de rotation de ces étoiles les unes autour des autres, nous sont démontrés avec la même évidence que ceux des satellites autour de leurs planètes, et des planètes autour du soleil. Quant au mouvement de tout le système solaire et de ces divers systèmes d'étoiles autour d'un centre commun, il est maintenant suffisamment indiqué par l'observation. Déjà même la direction du mouvement de translation du soleil a pu être établie avec un degré de précision qui laisse peu de chose à désirer ; et on a cru pouvoir constater que le grand cercle près duquel les étoiles à forts mouvements propres se rencontrent plus pressées qu'ailleurs, n'est incliné que de 20 degrés sur cet autre grand cercle que M. Madler a nommé *équateur stellaire*.

> « Il est un dernier centre éloigné de la sphère
> « Sur qui roulent captifs nos cieux et notre terre ;
> « Non celui du soleil, fixe à nos yeux bornés,
> « Et qu'en un autre éther, lieux indéterminés,
> « Attirent en secret tant d'étoiles pressées,
> « Autres soleils roulants par delà nos pensées ;
> « Mais un vrai centre unique où tendent tous les corps,
> « Point où s'évanouit le jeu de leurs ressorts,
> « Obscur milieu du monde, et terme des distances
> « Où vont des pesanteurs aboutir les puissances. »

Puis, donnant à la théorie mathématique de Laplace, modifiée dans le sens de la Bible et de la science moderne, une extension qui embrasse le mécanisme entier de la nature, on ajoute :

« Sans doute il n'est pas donné à l'homme de pénétrer jusqu'à ce centre des centres, *source du mouvement universel*, *le trône de la nature*, *le marchepied de la Divinité*. Mais le soleil est le centre d'un système analogue au système des étoiles. Or, si nous remontons par l'observation des phénomènes à la cause organique du système solaire, nous trouverons que la disposition des corps planétaires doit être attribuée à la condensation de la masse centrale de ce système. Alors nous aurons une idée réellement intelligible du procédé suivi par l'Ordonnateur des mondes dans la production de ses merveilles ; nous comprendrons que tous les faits particuliers ont pu émaner d'un seul fait, du fait de la condensation primitivement opérée au centre de la masse fluide de la création, AU MILIEU *des eaux de l'abîme universel.*

« Et puisque, d'une autre part, il est constaté qu'en outre de la lumière il existe dans la création une matière restée à son état originel, une matière cosmique non rayonnante ou non lumineuse, osons nous élever jusqu'à la hauteur de la Cosmogonie sacrée, pour proclamer que c'est à une expansion *totale* de la masse solaire, ou plutôt à l'expansion de toute la matière constitutive de notre monde planétaire déjà environné d'une auréole lumineuse, que nous devons attribuer, d'abord la formation de la terre et par conséquent la formation de toutes les planètes, puis, en dernier lieu, la formation du soleil.

« Dans cet état de choses, si nous supposons toute cette masse animée d'un mouvement de rotation autour de son centre de gravité, nous aurons une idée simple et nette de la manière dont se sont formés, ou dont ont pu se former tous les globes planétaires, antérieurement à la formation du soleil ; et le grand problème du système du monde ne sera plus qu'une simplification du mouvement giratoire combiné avec la gravité ou la pesanteur.

« Puisque tous les systèmes célestes, les systèmes généraux comme les systèmes particuliers, sont modelés sur le même dessin, nous n'avons besoin que de contempler le système dont nous faisons partie, et dont notre soleil est le centre, et d'étudier la loi de son organisation. En appliquant à la disposition de l'univers entier ce que nous saurons de la disposition de notre monde planétaire, nous nous élèverons jusqu'au système universel, et le mécanisme du grand tout de la création nous sera dévoilé. C'est vers cette contemplation et cette étude que vont tendre tous nos efforts. » (*Ibid.*, p. 91, 92, 93, et p. 121.)

Mais on comprend que tous ces efforts viennent

échouer contre une théorie qui fait de la terre ce *medium* ou centre principal, ce centre des centres, contre une théorie qui fait de la terre LE COEUR DE L'UNIVERS. C'est ce qui est cause, probablement, que l'auteur a jugé convenable de ne rien dire de cette contemplation et de cette étude, dans sa réfutation de la *Cosmogonie de la révélation en présence de la science moderne*, réfutation qu'il n'a entreprise que dans l'intention de substituer à la doctrine des savants modernes une *Doctrine nouvelle fondée sur un principe puisé dans la Bible*.

Cependant, aussi réservé dans les discussions théologiques que parcimonieux en fait de considérations scientifiques, ou plus conséquent avec l'adversaire qu'il s'est choisi qu'il ne l'a été avec son patron, l'Anti-Copernic, il ne met en regard de l'interprétation biblique de cet adversaire qu'une seule observation qui ait rapport au récit de Moïse. Cette observation unique est que, du mouvement de rotation de la terre au quatrième jour, résultat de la création du soleil, de la lune et des étoiles, dérive « la succession des jours et des nuits, l'alternance de la lumière et des ténèbres. » (*Théor. bibl.*, p. 144.) Il est vrai que le moyen de solution donné ici est beaucoup plus expéditif que celui indiqué par M. Godefroy dans cet épilogue de son exposition historique :

« Sans doute, d'après Moïse, ce ne fut qu'à cette quatrième époque de la création, que la nuit vint succéder au jour, et le jour succéder à la nuit : singularité inconcevable de la part de l'historien, a dit quelque part un judicieux panégyriste, s'il n'avait eu que le sens commun.

« Il faut bien le proclamer hautement, puisque le Livre des générations du ciel et de la terre nous l'a formellement révélé, jusqu'à cette quatrième et dernière époque de la formation de l'univers matériel, jusqu'à ce quatrième et dernier jour de la Cosmogonie génésiaque, il n'y avait point sur la terre de succession de jour et de nuit : la terre n'avait point de luminaires pour faire la distinction du jour et de la nuit, de la lumière et des ténèbres : Dieu n'avait point encore disposé de luminaires dans le firmament du ciel pour luire sur la terre, pour présider au jour et à la nuit, et séparer la lumière et les ténèbres, *et lucerent super terram, et præessent diei ac nocti, et dividerent lucem ac tenebras.* La lumière, ce produit du premier *fiat* de la Sagesse créatrice, la lumière qui avait remplacé, au commencement des choses, les ténèbres universelles, régnait à son tour, sans partage, sur la création tout entière. Mais à la quatrième époque, à cette dernière époque de la préparation des cieux, cette lumière qui se condensait à la surface des globes préparés pour les cieux, *æthera firmabat sursùm*, cette lumière du premier jour abandonne la terre; et, pour la première fois, la terre va voir la nuit succéder au jour, et le jour succéder à la nuit. Pour la première fois, la terre va distinguer un jour d'un autre jour, *fiant luminaria et dividant diem ac noctem*; et pour la première fois elle va avoir ses jours et ses années, ses mois et ses saisons, *et sint in signa et tempora, et dies et annos.*

« Alors le soleil connut l'heure de son coucher, la lune eut ses phases, et tous les astres marquèrent leurs révolutions, comme le chante encore l'Église, avec le Roi-Prophète, dans son hymne du quatrième jour (1).

« Ne soyons pas incrédules à la parole du Seigneur, *non sis incredibilis verbo illius :* croyons fermement, puisque c'est Dieu lui-même qui a parlé, croyons que ce fut seulement à la quatrième époque, le quatrième jour de la Genèse, que la terre eut des luminaires pour faire la distinction du jour et de la nuit, et pour marquer ses jours et ses années, ses temps et ses saisons.

« Voyons maintenant comment les doctrines scientifiques répondent à ces dernières révélations de la Cosmogonie biblique. » (*Cosmog. de la révél.*, p. 325, 326.)

C'est dans l'appréciation de ces doctrines scientifiques et dans l'application qu'il a su en faire à l'interprétation génésiaque, que l'auteur de la *Cosmogonie de la révélation en présence de la science moderne* constate qu'en effet les découvertes des astronomes, confirmées par les expériences des physiciens, établissent que la génération du soleil n'a pu être différente de celle de ses planètes ou satellites ; qu'il n'y a de différence entre eux que du plus au moins ; que le soleil n'a d'autre avantage sur ses planètes qu'une plus grande puissance d'électrisation, en raison de sa plus grande puissance matérielle (2) ; que le soleil n'a point de rang de primor-

____

(1) « Sol cognovit occasum suum. »

   « Sol novit occasus suos,
   « Sunt certa lunæ tempora,
   « Certique lapsus siderum. »

(2) En assimilant le soleil à une immense machine électrique où règnent constamment des courants magnétiques qui produisent l'incandescence, l'au-

dialité dans la création, et que son organisation définitive ou en tant que *luminaire* est nécessairement
postérieure à celle de la terre et des autres planètes.

La discussion des doctrines scientifiques ne peut

teur faisait observer que « l'action de ces courants se manifeste dans les
régions supérieures de l'atmosphère solaire, comme elle se manifeste dans
les régions supérieures de notre atmosphère , dans des régions où l'air
atmosphérique est d'une rareté excessive, et comme elle se manifeste dans
le vide de la machine pneumatique. »

Puis, continuant d'envisager le soleil et la terre sous ce point de vue nouveau, dans leur assimilation à un globe électrique, à une pile voltaïque à
courants continus, il s'écriait, plein d'espoir et de confiance dans les résultats des investigations incessantes de la science :

Merveilleux accord des lois du Créateur universel dans les petites choses comme dans les grandes! Tous les corps de la nature mis en contact
sont susceptibles de développer de l'électricité ; et, de même que les effets
de la pile électrique sont d'autant plus énergiques que ces corps sont plus
multipliés, de même aussi l'électricité est plus puissamment excitée dans la
pile solaire que dans celle de la terre, parce que là, comme ailleurs, la
quantité de l'électricité développée est en raison du volume et de la surface
de la machine, ou, pour parler comme les physiciens, en raison du *nombre des
plaques*. Dans l'un et l'autre appareil, la source de l'électricité ou du fluide
lumineux est permanente, dans l'un comme dans l'autre appareil, l'action de
la machine est continue ; mais, parce que le soleil a incomparablement plus
de masse que la terre, son action est incomparablement plus puissante. Dans
notre atmosphère, la matière électrique est refoulée, en grande partie, à
cause du mouvement de rotation, vers les pôles qu'elle illumine de la lumière
la plus vive ; ce qui a fait appeler l'aurore boréale la merveille des cieux
septentrionaux ; mais, dans l'atmosphère du soleil où son activité est infiniment plus développée, cette lumière se répand plus uniformément sur la
surface de la sphère atmosphérique.

« S'il est vrai de dire, ajoutait-il, que la loi qui régit tous ces effets et
qui en diversifie les apparences n'est pas encore trouvée, on peut dire aussi
qu'on doit tout espérer et tout attendre d'une science qui lie d'une manière
intime les phénomènes magnétiques avec tous les phénomènes lumineux. »
(*Cosmog. de la révél.*, p. 371, 372, 377.)

Or, ces vues nouvelles sur la ressemblance de la terre et des autres planètes avec le globe central, ou sur l'action lumineuse du fluide électrique
au-dessus de notre atmosphère et sur son accumulation au pôle magnétique,
se trouvent pleinement confirmées par l'expérience décisive de M. Auguste
de la Rive, dont M. Regnault a rendu compte à l'Académie des Sciences,
dans sa dernière séance d'octobre 1849.

entrer dans ce précis synoptique. J'ai dû me renfer-
mer dans l'exégèse théologique, parce que là est
l'unique point de contact de l'interprétation cosmogonique avec les autres méthodes explicatives,
qui, si elles ne gardent un silence absolu sur tout ce
qui concerne la science, vont se fourvoyer, pour
remplir leurs colonnes, dans des digressions inter-
minables sur les faits géologiques, sans s'inquiéter
du titre sous lequel elles se produisent et de ce que
promet ce titre. Je ne puis rapporter ici, de l'interprète cosmogoniste, en la confinant dans une note
correspondante, que sa *Récapitulation des résultats
obtenus* (1), qui est comme le résumé de cette der-

(1) « Des découvertes récentes ont fait apercevoir les rapports les plus
intimes entre la cause qui produit les phénomènes électriques, et celle qui
donne naissance à la lumière. Les savants, qui déjà ont donné à la lumière
électrique le nom de lumière solaire, enseignent qu'un courant continuel de
matière électrique, circulant autour du soleil, détermine dans les régions
supérieures de son atmosphère des phénomènes du genre de ceux qui se
manifestent, d'une manière non équivoque, quoique sur une plus petite
échelle, dans nos aurores boréales ; que le soleil est un globe électrique
d'une grandeur immense ; que l'électricité est la véritable cause de l'incandescence perpétuelle du soleil ; que, comme dans nos aurores boréales, le
feu éthéré et élémentaire est le seul qui soit en activité dans les couches les
plus hautes et les plus raréfiées de son atmosphère, ou plutôt au-dessus de
ces couches les plus hautes et les plus raréfiées. Puis, des considérations
d'un autre genre indiquent encore que tous nos phénomènes lumineux ou
électriques s'opèrent dans les plus hautes régions de notre atmosphère, et
bien au delà des limites sensibles de cette atmosphère, de même que les phénomènes électriques ou lumineux du soleil s'opèrent à la surface de son atmosphère.

« Or, nécessairement, dans l'origine des choses, ces mêmes phénomènes
lumineux manifestaient leur action dans les régions les plus éloignées de notre
système solaire ou planétaire, alors que la masse moléculaire de ce système
embrassait et dépassait dans ses dimensions les orbites de toutes les planètes.

« On sait que l'électricité se porte constamment à la surface des corps
électrisés ; et que c'est dans le vide, et dans les régions les plus élevées de
l'atmosphère où l'air est le plus raréfié, qu'elle déploie tout son luxe ; et dès

nière partie de l'exégèse scientifique, où brillent les noms des Descartes, des Képler, des Leibnitz, des

lors on conçoit que la matière lumineuse devait être reléguée bien au delà de l'orbite de la terre, alors que la masse centrale et l'atmosphère du soleil, encore dans leur premier état de condensation, remplissaient un espace infiniment plus grand que celui qu'elles occupent aujourd'hui ; et dès lors aussi on conçoit que la lumière ait brillé dans les cieux, et que ce feu éthéré et élémentaire ait été en activité dans les régions supérieures de l'atmosphère de la masse originelle et génératrice de tout le système, longtemps avant la formation du soleil et des planètes.

« On sait aussi que la production de la vertu électrique est proportion—nelle à la compression des corps électrisés ; et on conçoit encore que cette vertu ne pouvait avoir aucune action, alors que la matière de tous les globes de l'univers était à l'état de fluides éminemment élastiques, à l'état de molécules élémentaires, ou à l'état de matière vide et vaine, invisible et in-composée. Mais un premier degré de compression ou de condensation produisit un premier degré de développement de la vertu électrique, et la lumière fut, *et facta est lux*. Ce fut le premier jour de la Genèse.

« En revenant ainsi par les déductions de la science moderne au récit de l'historien de la création, nous comprenons que l'électrisation était encore peu avancée, ou que le fluide électrique ne manifestait encore sa présence que d'une manière imparfaite, et que ses effets calorifiques étaient peu énergiques encore à la troisième époque génésiaque, c'est-à-dire à une époque où la masse centrale et l'atmosphère du soleil avaient encore une extension considérable. Et, puisque la théorie d'accord avec l'observation nous apprend que le plus subtil de tous les fluides exerce son empire dans les régions de l'espace où l'air atmosphérique est porté au plus haut degré de raréfaction qu'il soit possible d'imaginer, nous comprenons que la terre et toutes les planètes ont pu opérer leurs révolutions dans un milieu qui devait être moins matériel que le vide le plus parfait de la machine pneumatique. C'est sur cette atmosphère primitive que se développait l'atmosphère électrique, ou, si on l'aime mieux, l'atmosphère éthérée de tout le système planéto-solaire, en tout semblable à l'atmosphère lumineuse, *purement superficielle*, de ces sphères immenses appelées nébuleuses planétaires.

« En tout cas, l'existence d'une enveloppe lumineuse, ou la concrétion du fluide lumineux dans les plus hautes régions de l'atmosphère solaire, est une preuve toujours subsistante de la vérité du récit de l'historien de la création, qui nous apprend que la lumière a brillé dans les cieux avant l'apparition du soleil ; que la lumière est un corps différent et indépendant du soleil, ou que, dès le premier jour, le fluide lumineux fut réellement et physiquement séparé de la matière opaque qui compose les globes célestes : *Et facta est lux, et divisit lucem à tenebris.* » (*Cosmog. de la revél.*, p. 379, 380, 381.)

Newton, et encore les noms des Davy, des Ampère, des Arago, des Babinet, etc.

A la suite de cette récapitulation ou résumé analytique, M. Godefroy infère contre Laplace, que, puisqu'il est démontré que l'atmosphère du soleil est entièrement comprise sous son enveloppe lumineuse et qu'elle ne s'étend point au delà, il est démontré par cela même que toutes les opérations de la nature primitive, si habilement exposées par le savant géomètre, ne purent s'effectuer qu'au sein même de cette atmosphère, que dans l'espace compris entre le noyau central et l'auréole lumineuse du monde planéto-solaire ; ou que, relativement à la terre, le soleil ne fut environné de son auréole lumineuse, et que par conséquent la nuit ne succéda au jour et le jour à la nuit, qu'à la quatrième époque de la création. M. Godefroy n'a pas hésité à introduire ses lecteurs dans les sentiers ardus de la plus haute philosophie, pour établir et constater avec eux que la terre et toutes les planètes n'ont pu prendre naissance qu'aux limites successives de la masse moléculaire et constitutive du globe solaire, du noyau central du soleil; et que l'organisation de la terre, d'un volume et d'une masse comparativement si minimes, a nécessairement précédé l'organisation définitive du globe central. Déductions, constatations et démonstrations qu'il fait suivre de ces réflexions conclusives :

« Et ainsi s'explique la mystérieuse apparition des végétaux sous l'influence de la lumière primitive, antérieurement à l'organisation de l'astre régulateur du jour et de la nuit, antérieurement à la confection du globe central, de ce foyer de toutes les orbites, où convergent toutes les grandes forces de notre monde planétaire.

« En rendant encore ici hommage à l'auteur inspiré de la Genèse, nous dirons que nous ne sommes pas moins frappé de la sagesse qui a présidé à la disposition de l'univers et de tout ce qu'il renferme, que des analogies qui existent entre les récits de la science et les récits de la révélation. Dieu ordonne aux végétaux de croître avant que le soleil marque la succession du jour et de la nuit, parce que les végétaux n'ont pas besoin, pour croître et se reproduire, que la nuit succède au jour et le jour à la nuit. Puis il constitue l'astre régulateur du jour et de la nuit, des saisons et des années ; et alors, et seulement alors, il crée les animaux de toute espèce, et enfin l'homme, né pour commander à la nature instinctive et régner en dominateur responsable sur toute la surface de la terre.

« Il n'y a pas longtemps encore qu'un célèbre apologiste de la révélation se bornait à opposer aux ennemis de cette révélation, que la narration de Moïse n'est contredite par aucun fait rigoureusement démontré de l'histoire naturelle ; langage véritablement beaucoup trop timide ou beaucoup trop modeste. Un des plus habiles interprètes de cette histoire naturelle s'exprimait avec plus de hardiesse et sans doute avec plus de convenance, lorsqu'il disait aux savants : Cultivez avec ardeur les sciences abstraites et les sciences naturelles ; décomposez la matière, dévoilez à nos regards surpris les merveilles de la nature, explorez, s'il se peut, toutes les par-

ties de cet univers ; fouillez ensuite les annales des
nations, les histoires des anciens peuples ; consultez sur
toute la surface du globe les vieux monuments des siècles passés ; loin d'être alarmé de ces recherches, je les
encouragerai de mes efforts et de mes vœux. Je ne crain-
drai pas que la vérité se trouve en contradiction avec
elle-même, ni que les faits, les documents par vous re-
cueillis puissent jamais n'être pas d'accord avec nos Livres sacrés.

« Aujourd'hui que l'étude de la nature unit les considérations religieuses aux spéculations de la science, en ré-
pandant la lumière de la démonstration sur les vérités
fondamentales de la théologie ; aujourd'hui que la philosophie *universelle*, que nous appellerons philosophie
catholique, a vérifié et constaté l'exactitude du tableau
chronologique de l'histoire de la création dessiné dans
la Genèse , nous pouvons dire , en toute assurance ,
que Moïse a écrit sous la dictée même du Maître de la
science.

« La géologie, après avoir fourni dans son enfance des
armes terribles contre les traditions sacrées, a été la première à proclamer l'authenticité des époques de la création, en déclarant que la succession des êtres divers dont
le sein de la terre renferme les dépouilles, répond à l'ordre dans lequel la Genèse les fait paraître au jour : les
végétaux d'abord, ensuite les poissons, puis les oiseaux,
et les quadrupèdes après, et enfin l'homme créé à l'i-
mage de Dieu pour dominer la matière. De leur côté,
les sciences historiques et linguistiques nous répètent
qu'il n'a existé qu'un seul et unique centre de civilisation pour toute la terre ; que tous les peuples ont puisé
leur civilisation à la même source, et dans le même
pays où Moïse place la famille de Noé après le déluge.

« Il restait à expliquer le mystère de la génération de la lumière avant toutes choses, puis de la terre avant l'organisation de ses luminaires ; et voici que nous venons de démontrer que les découvertes brillantes de nos astronomes et de nos physiciens établissent que cette autre succession des êtres créés a dû avoir lieu encore dans l'ordre des quatre jours du tableau cosmogonique de la révélation divine, quelle que soit l'opinion qu'on embrasse d'ailleurs sur l'état primitif des globes stellaires et planétaires (1).

(1) L'auteur a raison de dire qu'*il restait à expliquer le mystère de la génération de la lumière avant toutes choses, puis de la terre avant l'organisation de ses luminaires.* Si la science avait pénétré plus ou moins profondément dans la partie géogénique du récit génésiaque, si l'on était arrivé à des aperçus vrais sur les opérations des deux derniers jours, il est évident qu'on n'avait point eu l'intelligence de la partie cosmogonique de ce récit, et que l'ensemble de l'œuvre divine avait échappé aux plus habiles interprètes.

Ces premiers résultats, néanmoins, étaient déjà d'une importance assez grande pour justifier l'enthousiasme rétrospectif de cette acclamation :

« Ici se présente une considération dont il serait difficile de ne pas être frappé : puisqu'un livre, écrit à une époque où les sciences naturelles étaient si peu éclairées, renferme cependant, en quelques lignes, le sommaire des conséquences les plus remarquables auxquelles il ne pouvait être possible d'arriver qu'après les immenses progrès amenés dans la science par le XVIIIe et le XIXe siècle ; puisque ces conclusions se trouvent en rapport avec des faits qui n'étaient ni connus ni même soupçonnés à cette époque, et qui ne l'avaient jamais été jusqu'à nos jours, et que les philosophes de tous les temps ont toujours considérés contradictoirement et sous des points de vue toujours erronés ; puisqu'enfin ce livre, si supérieur à son siècle sous le rapport de la science, lui est également supérieur sous le rapport de la morale et de la philosophie naturelle, on est obligé d'admettre qu'il y a dans ce livre quelque chose de supérieur à l'homme, quelque chose qu'il ne voit pas, qu'il ne conçoit pas, mais qui le presse irrésistiblement !!!... »

A ce manifeste apologétique du résultat des investigations des savants dans les antiques archives de la terre, exactement correspondant à l'ordre des créations organiques énumérées dans la Genèse, M. Godefroy répondait :

« Cependant ces savants ne paraissent pas avoir compris que l'auteur de ce livre ne peut que nous parler encore le langage de la vérité d'une manière tout aussi rigoureusement exacte, lorsqu'il nous représente la terre déjà sortie du sein des eaux et appropriée aux besoins d'une végétation

« C'est ainsi que toutes les sciences viennent tour à tour rendre témoignage de l'admirable économie du plan génésiaque, en obéissant à la mission qu'elles ont reçue de manifester la vérité de Dieu et de sa révélation. » (*Ibid.*, p. 397 à 401.)

naissante, avant que le soleil, qui ne vient qu'à la quatrième époque, *eût marqué la succession du jour et de la nuit.* Car, dans leurs systèmes divers, l'existence organique du soleil est antérieure à celle du globe qu'il éclaire : la terre est le produit, soit d'une éruption ignée du soleil, soit de la condensation de son fluide lumineux. Désireux néanmoins de donner à cette monstrueuse disparate l'autorité d'une théorie en harmonie avec le plan génésiaque, les auteurs de ces systèmes se sont mis à forger à la terre, avec des matières métalliques, une atmosphère impénétrable aux rayons solaires. La terre ainsi abritée, *les astres,* pour reproduire ici les propres expressions de l'un de ces cosmogonistes, *ne purent être aperçus de la surface, et y faire pénétrer leur influence lumineuse, que lorsque ces matières volatilisables, telles que le mercure, le plomb, le zinc, etc., se furent enfin condensées et répandues sur le sol, après la formation des terrains primitifs et de transition, au quatrième jour ;* c'est-à-dire à une époque où, d'après la Genèse, comme d'après la géologie, la terre, depuis longtemps sortie du sein des eaux, se couvrait de végétaux.

« Au contraire, chez les cosmogonistes à *création double,* la terre avait dès l'origine *une lumière aussi vive qu'étincelante de clarté,* mais une lumière propre, à elle appartenant. Voici ce qui le prouve ou comment on le prouve :

« Dans le principe des choses, tous les matériaux qui composent aujour-« d'hui la masse solide du globe ne formaient qu'un vaste bain liquide, où « bouillonnaient de toutes parts les matières les plus denses et les plus « fixes. Comment une pareille conflagration aurait-elle pu avoir lieu sans « produire une lumière aussi vive qu'étincelante de clarté ?

« On assure même que « cette lumière devait être des plus resplendissantes, « à peu près comme celle que nous produisons en portant à l'état d'igni-« tion des fragments de chaux dans certains mélanges gazeux dont l'œil « ne peut supporter ni l'éclat ni la vivacité ; » et encore, que « c'est sur « les données fournies par la Genèse, que nous avons eu les premières idées « sur l'origine de cette terre, qui, comme certains des astres qui nous éclai-« rent, est maintenant un soleil éteint et tout à fait encroûté. »

Telles étaient les doctrines professées la veille encore de la publication de la *Cosmogonie de la révélation,* dans des ouvrages annoncés sous le titre de *Concordance des faits géologiques avec la Genèse,* de *Cosmogonie de Moïse comparée aux faits géologiques,* etc. Les exposer, c'était les réfuter.

Depuis, les choses ont un peu changé de face. C'est une amélioration ou

Mais, en se posant en réformateur universel, en annonçant que toutes les sciences humaines ont besoin d'être revisées et remaniées, et qu'elles attendent l'homme qui, par la puissance de son génie et l'autorité de son nom, puisse imposer au monde des idées plus hautes, plus bibliques, M. de Debreyne s'empare du phénomène connu en astronomie sous le nom de libration de la lune, pour révéler au monde que cet homme que les sciences attendent est au milieu d'elles. Ce phénomène devient entre ses mains une *preuve éclatante* que *le soleil, la lune et*

une promesse d'amélioration dont M. Godefroy a accepté l'augure, dans ce rescrit de sa seconde édition :

« On reconnaît aujourd'hui que l'explication que nous avons déduite du contexte génésiaque, est commandée par *une découverte géologique, toute récente,* qui *vient se lier à la vérité de la cosmogonie de Moïse sur l'apparition des végétaux avant le soleil.* « Il est constant, reconnaît-on aujour-« d'hui, que partout les végétaux fossiles présentent les mêmes espèces ; « qu'ainsi l'inégalité de chaleur *solaire,* cause des différences entre les pro-« ductions végétales actuelles, n'existait pas à cette époque, et qu'une irra-« diation centrale de lumière et de chaleur, ou une atmosphère lumineuse, « ou tout autre mode de distribution égale de la lumière calorique est né-« cessaire pour expliquer cette conformité. »

« Mais une *irradiation centrale de lumière et de chaleur,* pour expliquer cette végétation primitive à la surface de la terre, est une de ces conceptions qui étonnent par leur étrangeté. Aussi nous n'avons pas voulu demander à l'auteur si cette irradiation centrale existait encore, si la terre était encore *un vaste bain liquide et bouillonnant* à la troisième époque génésiaque, alors que sa surface se couvrait de végétaux. Nous avons compris qu'une réponse à une pareille question serait par trop embarrassante. Après cela, comme nous ne connaissons pas d'autre mode possible de distribution égale de la lumière, nous nous en tenons à cette ATMOSPHÈRE LUMINEUSE ; et assurément nous nous féliciterions de retrouver notre explication reproduite dans les *Études philosophiques sur le christianisme,* si cette reproduction anonymique ne figurait pas sur le même plan que l'*irradiation centrale* de M. Marcelle de Serres. » (*Cosmog. de la révél.,* p. 230, 231, et p. 391, 392.)

les étoiles ne furent créés que le quatrième jour, et par conséquent une preuve éclatante que *la terre ne commença à tourner sur son axe que le quatrième jour*, puisque, effectivement, *il n'y avait point de raison pour que ce mouvement de rotation*, générateur du *mouvement de circumduction, se fît plus tôt ;* et, par conséquent encore, une preuve irréfragable que le réformateur attendu est le religieux de la Grande-Trappe.

Et voici que lui-même proclame son intronisation :

« Cette découverte de Lagrange (l'explication du phénomène en question) développée par l'illustre Laplace, et placée par lui-même au rang des vérités parfaitement démontrées, est inconciliable avec toute autre théorie que celle que nous venons d'exposer.

« C'est un avertissement sérieux aux savants ; c'est une preuve que notre théorie est en avant de la science, et qu'elle eût pu fournir des données précieuses pour résoudre des problèmes que le génie de Lagrange et celui de Laplace n'ont résolus que par une grande puissance analytique et des efforts de calcul prodigieux. » (*Théor. bibl.*, p. 96, 97.)

Jusqu'ici cette grande puissance analytique et ces efforts de calcul prodigieux n'avaient eu d'autre résultat que « de rattacher avec bonheur les lois si compliquées de la libration aux principes de l'attraction universelle » (M. Arago, *ann.* 1844, p. 295, 397) ; c'est-à-dire que ces calculs de Lagrange et de Laplace avaient eu le même résultat que ceux de l'immortel Leverrier.

Lagrange, pour laisser l'homme de la science nouvelle dans le ravissement de son exaltation, Lagrange qui venait de découvrir la périodicité des perturbations du système planétaire, et, dans cette périodicité, la plus sublime des causes finales, une prévoyance qui assure à jamais la stabilité du système planétaire, l'illustre Lagrange s'arrêta éperdu en reconnaissant le doigt de l'éternel géomètre. Mais l'auteur de la *Mécanique céleste* essaya de passer outre : lui aussi eut la fantaisie de donner un avertissement sérieux aux savants. M. Godefroy lui a fait cette réponse :

« Nous achèverons ce que nous avons commencé. Nous protesterons contre une tentative d'un autre genre, et qui serait une tout aussi étrange méprise, si elle était dirigée soit contre le récit de la Genèse, soit contre les vues providentielles du Créateur universel dans l'arrangement du système planétaire.

« Quelques partisans des causes finales, dit M. La-
« place, ont imaginé que la lune avait été donnée à la terre
« pour l'éclairer pendant les nuits. Dans ce cas, la nature
« n'aurait pas atteint le but qu'elle se serait proposé, puis-
« que souvent nous sommes privés à la fois de la lumière
« du soleil et de celle de la lune. Pour y parvenir, il eût
« suffi de mettre, à l'origine, la lune en opposition avec le
« soleil, dans le plan même de l'écliptique, à une distance
« de la terre égale à la centième partie de la distance de la
« terre au soleil, et de donner à la lune et à la terre des

« vitesses parallèles proportionnelles à leurs distances à
« cet astre. Alors la lune, sans cesse en opposition au
« soleil, eût décrit autour de lui une ellipse semblable à
« celle de la terre ; ces deux astres se seraient succédé l'un
« à l'autre sur l'horizon ; et comme à cette distance la
« lune n'eût point été éclipsée, sa lumière aurait constam-
« ment remplacé celle du soleil. »

« Mais, alors aussi, l'homme n'eût jamais été à même
de contempler le spectacle imposant et sublime du firmament du ciel ; il n'eût jamais considéré dans toute leur
magnificence les vastes tableaux que renferme l'univers,
*altitudinis firmamentum pulchritudo ejus est, species cœli
in visione gloriæ : species cœli gloria stellarum, mundum
illuminans in excelsis Dominus.* La présence continuelle
de la lune, et d'une lune toujours pleine, lui eût dérobé
l'éclat de cette perspective immense, et l'eût empêché de
découvrir tant de merveilles cachées dans les profondeurs
de cette sphère incommensurable. De même, il n'eût
jamais connu la pompe de ces scènes variées que présente
la marche mystérieuse de la reine des astres, *crescens mirabiliter in consummatione*, VAS *castrorum in excelsis, in
firmamento cœli resplendens gloriosé.* En outre, il n'eût
jamais retiré pour la géographie, la chronologie, la détermination des longitudes, etc., aucun des avantages que
lui offrent constamment les phases et les révolutions de
cet autre luminaire, spécialement destiné « à diviser le
« temps, à fixer ses périodes, et à marquer les mois de
« l'année : *Et luna, in omnibus, in tempore suo, ostensio
« temporis, et signum ævi... mensis secundùm nomen ejus.* »

« Et ce seraient des astronomes qui auraient le courage
de réclamer contre une pareille disposition... ! « Des
« hommes, des savants n'ont pu comprendre par les
« biens visibles, le souverain Être qui les dispense avec

« tant de sagesse ; ils n'ont pu s'élever à la connaissance
« du Créateur par la contemplation de ses ouvrages.
« *Vani autem sunt omnes homines in quibus non subest*
« *scientia Dei ; et de his quæ videntur bona, non potue-*
« *runt intelligere eum qui est, neque operibus attendentes*
« *agnoverunt quis esset artifex.* » (Sap. XIII, 1.)

    « Mais il est démontré, contre ces mêmes astronomes,
qu'une pareille disposition est incompatible avec les lois
de la mécanique ; il est démontré que la lune, placée à
la distance prescrite par l'auteur de la *Mécanique céleste*,
eût cessé tout aussitôt d'être en opposition au soleil, et
que, se rapprochant sans cesse de la terre, elle se serait
trouvée, après quelques révolutions, dans l'orbite qu'elle
décrit aujourd'hui. C'est-à-dire, qu'il est encore constaté
que les naturalistes comme les théologiens, et les théologiens comme les naturalistes, ne peuvent impunément
contredire la parole de vérité : *Non contradicas verbo
veritatis ullo modo* (1). » (*Cosmog. de la révél.*, p. 414 à
417.)

    (1) **L'auteur de la** *Mécanique céleste* avait déjà mérité une première fois
de s'entendre appliquer l'anathème porté contre ces contradicteurs :

    « Ce résultat inattendu (le résultat obtenu avec le charbon soumis à l'ac-
tion d'une pile voltaïque d'une grande puissance) nous fait souvenir que
M. Laplace nous menaçait d'une diminution dans la masse du soleil, produite
par l'émission de sa lumière, diminution qui devait à la longue détruire
l'arrangement des planètes. Mais nous ne nous en souvenons que pour rappeler aux plus timides, que les globes célestes ont été ordonnés pour briller
à jamais ; que tous les ouvrages sortis des mains du Créateur concourent aux
fins pour lesquelles ils furent créés, sans éprouver ni affaiblissement, ni diminution, sans fatigue aucune ; que jamais un de ces corps ou un de ces
systèmes de corps ne détruira l'arrangement d'un autre système ; car telle
est aussi l'assurance formelle que nous donne la révélation divine : *Ornavit
in æternum opera illorum ; nec esurierunt, nec laboraverunt et non de-
stiterunt ab operibus suis. Unusquisque proximum sibi non angustiabit
usque in æternum.*

    « Newton aussi croyait que la lumière était une émanation de la substance
même du soleil qu'il supposait aussi un foyer ardent, qui devait finir par

Cette autre tentative contre laquelle M. Godefroy a protesté d'abord, cette tentative d'un autre genre avait été faite par M. Maupied, qui, déjà et long-temps avant la découverte de M. Debreyne, avait imaginé de retarder jusqu'au quatrième jour le mouvement de translation ou de circumduction autour du soleil, tout en faisant tourner la terre sur son axe dès le premier jour de la création. Parce que cette théorie de M. Maupied a encore plusieurs autres points de ressemblance avec la *Doctrine nouvelle*, et parce que, très-probablement, c'est à la *Physique sacrée* de cet autre docteur ès-sciences, parce que c'est à la *Physique sacrée* de M. l'abbé Maupied, autant peut-être qu'à l'*Astronométrie nouvelle* de M. l'abbé Matalène, que M. Debreyne, tout en se produisant pour le réformateur attendu, a dû l'idée de se croire et de se dire *la Synthèse de son siècle,* il convient d'exhiber le compte rendu de cette autre explication, tel qu'il se trouve consigné dans la *Cosmogonie de la révélation*, en laissant à M. Godefroy la responsabilité de son manifeste, ainsi formulé :

« Il nous répugnerait de faire ressortir, sans une né-

s'éteindre et s'anéantir en projetant ainsi sa matière. « Ces idées ne sont « plus de notre temps, répète-t-on aujourd'hui de toutes parts, et le soleil « ne peut plus être assimilé à un feu ordinaire ; car des corps, même « dans le récipient de la machine pneumatique, peuvent être rendus lumi- « neux, ou plus lumineux s'ils le sont déjà, par l'action de la pile vol- « taïque, sans dégagement ni absorption de la part de ces corps. » Mais ces idées n'auraient dû être d'aucun temps, car la Sagesse créatrice elle-même a dit à tous les hommes, que la lumière du soleil est une lumière qui ne s'éteindra jamais, une lumière indéfectible : *Ego feci in cœlis ut orire-tur lumen indeficiens.* » (*Cosmog. de la révél.*, p. 363, 364.)

cessité absolue, le paralogisme inconsidéré de certains cosmogonistes modernes. Mais quand la vérité est en cause, il ne faut pas négliger de mettre en présence des faits scientifiques ou révélés le témoignage des contra-dicteurs, si la qualité des déposants est de nature à faire impression sur des esprits inattentifs.

« Il s'est donc rencontré un auteur grave qui veut que la CRÉATION du soleil date du quatrième jour de la CRÉA-TION de la terre.

« Déjà nous avons vu un autre auteur contemporain vouloir que nous considérions le système de l'univers comme créé avant la terre. Aujourd'hui, au contraire, c'est la terre qui est créée sinon avant le système de l'u-nivers, du moins avant le soleil, et très-probablement avant le système céleste tout entier ; car, dans cette autre théorie, la création de la terre, opérée dans un vide par-fait, est même antérieure à l'existence des lois de l'at-traction universelle, comme elle est encore antérieure à la création de l'éther.

« Nous comprenons que nous avons besoin de fournir nos preuves en produisant des citations. Nous produi-rons donc des citations que nous empruntons à M. Jéhan, qui a présenté, dans sa seconde édition du *Nouveau traité des sciences géologiques*, un précis de cette *dernière inter-prétation*, due à l'auteur de l'Introduction publiée en tête de cette seconde édition de M. Jéhan.

« Le premier jour, Dieu créa la terre et les eaux avec
« leurs lois et leurs propriétés. La terre était suspendue
« dans le vide et soumise au mouvement de rota-
« tion sur elle-même, mais non au mouvement annuel,
« *les lois de l'attraction universelle n'existant pas encore,*
« ou ne pouvant s'exercer.

« Dans cet état de choses, les eaux subirent les lois de

« la vaporisation avec d'autant plus de puissance qu'il y
« avait un *vide parfait*. »

« De là « des vapeurs épaisses qui enveloppèrent la
« terre et les eaux ; de là des ténèbres de plus en plus
« épaisses. » De là, en un mot, la première nuit de
M. Maupied, puisque c'est de la *Physique sacrée* de
M. Maupied qu'il s'agit ici.

« *C'est alors*, » après cette première nuit, « *que Dieu
« créa le fluide éthéré.*

« Ce fluide merveilleux mis en mouvement pénétra
« l'atmosphère ténébreuse qui enveloppait la terre et
« les eaux, et y produisit la lumière.

« Telle fut l'œuvre du premier jour. »

« Le second jour n'offre d'autre particularité que l'action de ce même fluide éthéré sur une nouvelle formation de vapeurs séparées en atmosphère et en nuages ;
car, dans la physique de M. Maupied, « après cette
« brillante effusion du fluide lumineux au sein des ténè-
« bres, les vapeurs, dilatées par l'action de la chaleur
« et de l'électricité, donnèrent lieu, par la raréfaction et
« même par l'ébullition que dut subir l'eau, à une nou-
« velle formation de vapeurs, » et partant à de nouvelles
ténèbres ou à une nouvelle nuit.

« Ces vapeurs s'étant étendues jusqu'aux limites où
« Dieu voulait les arrêter et le vide étant plein, l'action
« du fluide éthéré sur ces *secondes* ténèbres ne fut plus
« dissimulée par la formation de nouvelles vapeurs, et la
« séparation des éléments qui composent l'atmosphère
« put s'opérer. »

« Voici comment la chose arriva :

« Ceux qui composent l'atmosphère proprement dite,
« l'azote et l'oxygène, plus pesants que ceux qui com—
« posent les vapeurs d'eau pure, l'hydrogène et l'oxy-

« gène combinés, s'étendirent naturellement en dessous,
« et des nuages d'eau vaporisée se formèrent dans la par-
« tie supérieure, en sorte qu'il y eut une étendue entre
« les eaux liquides et les eaux en vapeurs. Cette opéra-
« tion, pour ainsi dire chimico-électrique des vapeurs
« séparées en atmosphère et en nuages, ne put s'effec-
« tuer sans qu'il y eût production de lumière dans la
« vaste étendue de ce *laboratoire de l'univers*, ce qui fit
« le second jour. »

« Cependant à ce second jour ou à cette seconde production de lumière avait succédé une *troisième nuit*, oc-
casionnée par une *troisième formation de vapeurs*, produite, cette fois, par un *immense mouvement des eaux sur
elles-mêmes*. Mais, douze heures après, « le dévelop-
« pement subit d'une immense quantité de plantes di-
« verses vint causer un nouvel ébranlement dans le
« fluide lumineux. Cette combinaison d'action produisit
« un troisième éclaircissement, qui fut le troisième
« jour. »

« Douze autres heures s'étant encore écoulées, « le
« calme se rétablit, l'éther ne fut plus en vibrations si
« actives, et le phénomène de la lumière ou du jour
« céda la place à la quatrième nuit. »

« Or, c'est cette « quatrième nuit qui sera dissipée par
« LA CRÉATION DU SOLEIL, » de la même manière que la
première nuit fut dissipée par la création de l'éther, la
seconde, par une opération chimico-électrique, et la
troisième, par le développement subit de la végétation à
la surface de la terre.

« C'est donc de ce quatrième jour que « datera la suc-
« cession des jours et des nuits, telle que nous la voyons
« maintenant. » Ce qui n'empêche pas que « les trois
« premiers jours génésiaques n'aient été de la même lon-

« gueur que les jours suivants mesurés par le soleil,
« c'est-à-dire de la même nature que les jours actuels,
« au moins quant à leur durée. »

« Il est bien entendu que « M. Maupied n'a encore pu-
« blié que la moitié de sa thèse; » et qu'ainsi « il lui
« reste à expliquer la formation des couches sédimen-
« taires et fossilifères de la croûte du globe, » durant
les quarante-huit heures qui séparent sa création du
soleil de la création de l'homme.

« Nous avons tout lieu de croire, ajoute ici M. Godefroy, que M. Maupied ne s'aventurera pas plus avant
dans cette malheureuse voie. C'est en 1842 que M. Maupied a publié les douze premières leçons, formant
la première moitié de son *Cours de Physique sacrée*, et
nous ne sachions pas que depuis lors il ait continué ses
leçons.

« Nous voyons bien M. Maupied enseigner encore,
en 1844, que « la terre a été créée tout d'un jet et en état
« de recevoir ses habitants, avec des montagnes, des val-
« lées, etc.; » décidant souverainement « qu'il n'y a pas
« d'autre solution raisonnable à cette première partie de
« la science géologique, qui s'occupe du noyau primitif
« de la terre, » et condamnant « toute autre hypothèse à
« ne rien expliquer (1). » Mais, pour ce qui concerne la seconde partie, ou le problème de la formation, en quarante-
huit heures, de ces immenses couches sédimentaires qui
composent « l'écorce du globe, dans laquelle sont en-
« fouis les débris d'êtres organisés, » voici le seul arti-
cle de symbole qu'il ait encore formulé : « Quand même

____

(1) M. Maupied s'imagine avoir convaincu d'impuissance l'interprétation
cosmogonique, parce qu'il lui a appliqué l'épithète d'*astronomico-chimique*,
fabriquée dans cette intention.

« il (ce dernier problème) ne serait pas résolu d'une ma-
« nière satisfaisante, il n'en résulterait qu'une consé-
« quence, c'est que nos moyens de solution seraient en-
« core insuffisants. » (*Cosmog. de la révél.*, p. 406 à
410.)

Or, précisément, cette seconde partie de la thèse
de M. Maupied, M. Debreyne entreprend aujour-
d'hui de la résoudre. M. Debreyne s'empare de cette
seconde partie de la thèse abandonnée par M. Maupied, pour en faire la seconde partie ou la partie
géologique de sa *Théorie biblique de la cosmogonie
et de la géologie.*

« Réfuter tout ce qu'on a dit de toutes ces formations (du ciel et de la terre), » pour « donner le
critérium de la cosmogonie dans la constitution de
notre satellite : » C'était la première partie du nouveau programme.

Dans la seconde partie, il est question pareillement de « réfuter tous les systèmes géologiques
connus, » pour, « après cela, poser des principes
géologiques certains et appuyés sur les faits les plus
positifs de la géognosie, de la minéralogie et de la
géologie. » (*Théor. bibl.*, Introd., p. 16, 18.)

C'est cette seconde partie, ou plutôt, c'est la partie géologique du récit génésiaque qu'il s'agit présentement d'examiner.

III.

CINQUIÈME ET SIXIÈME JOURS.

Créations organiques et Formations géologiques.

I. — Les éditeurs de la *Cosmogonie de la révélation* ont mis en tête de la seconde édition l'avertissement que voici :

« On nous a souvent demandé pourquoi la *Cosmogonie* ne comprend pas les six jours de la Genèse. Nous avons toujours répondu que M. Godefroy s'est borné aux quatre premiers jours, parce que ces quatre premiers jours renferment toute la partie cosmogonique de l'œuvre de la création ; les deux derniers jours n'étant relatifs qu'à la terre et aux habitants qu'il a plu au Créateur de lui donner. Néanmoins, dans cette seconde édition, M. Godefroy s'est tout spécialement occupé de ces deux derniers jours dans ses *Appendices* au chapitre troisième, où il présente, en outre, sous un point de vue tout nouveau les questions capitales des créations successives et du déluge universel, qui, jusqu'aujourd'hui, avaient si grandement embarrassé les savants, naturalistes ou théologiens, et leur avaient fait imaginer tant d'hypothèses désespérées. Alors, soumettant à un examen sévère, mais consciencieux, les divers systèmes d'explication proposés jusqu'ici, et embrassant dans ses considérations le champ immense de la création, il a pu faire de cette seconde édition un traité complet de la science cosmogonique, cette haute théosophie où viennent converger toutes les sciences qui honorent le plus l'esprit humain. »

M. Debreyne a suivi le même ordre, mais en prenant une marche tout opposée, parce que pour lui il s'agit de démontrer que *la formation des couches sédimentaires et fossilifères de la croûte du globe* est contemporaine de la création de l'homme ou postérieure à cette création.

Il paraîtrait que déjà M. Glaire, l'auteur des *Livres saints vengés*, aurait eu quelque velléité semblable : M. Glaire aurait essayé de résoudre les difficultés devant lesquelles M. Maupied a reculé. Son essai, du reste, n'aurait pas été heureux, car M. Debreyne accuse le savant doyen de la Faculté de théologie de Paris d'avoir voulu appliquer à l'origine de notre globe des faits qui n'ont jamais été invoqués que pour prouver la jeunesse du monde postdiluvien, et de n'avoir employé que des lambeaux des sciences géologiques et de s'être trompé en copiant les géologues. Il l'accuse de n'avoir compris ni la portée de ses propositions, ni les inconséquences palpables de son système ; terminant ce chapitre d'apostrophes par cette réflexion d'une impitoyable crudité : « Nous ne redoutons qu'un reproche de la part de nos lecteurs, c'est d'avoir perdu le temps à réfuter une absurdité. » (*Théorie bibl.*, p. 203, 204.)

Avant de prononcer avec des formes aussi

excentriques contre le doyen de la Faculté de théologie, M. Debreyne annonce qu'il va exposer « *comment* M. Godefroy combat le système antéhexamérique du docteur Buckland. » Puis, ne citant, en conséquence, qu'un seul passage, qu'une seule phrase de l'adversaire du système antéhexamérique, il a l'attention d'avertir ses lecteurs que « M. Godefroy n'a à substituer à une erreur qu'une autre erreur ; » et de les prévenir que « son hypothèse sera réfutée par ce *qu'il dira* de l'hypothèse de M. l'abbé Glaire. » (*Ibid.* p. 188, 190.)

Mais l'hypothèse de M. Godefroy n'a rien de commun avec l'hypothèse de M. l'abbé Glaire. M. Godefroy est à cent lieues de prendre sous son patronage la seconde partie de la thèse de M. Maupied. Sa réfutation que nous venons de voir de la première partie de cette thèse, le défi qu'il porte à l'auteur de publier cette seconde partie, ses avertissements à M. Glaire sur la nécessité de revenir à la doctrine de l'Église primitive et à l'enseignement apostolique sur la valeur des jours génésiaques (Voy. *Cosmog. de la révél.*, p. 412, 413), témoignent assez que M. Debreyne s'est singulièrement mépris, s'il a cru réfuter M. Godefroy en réfutant M. Glaire, continuateur de M. Maupied.

Après avoir constaté que la philosophie la plus orgueilleuse ne rougit plus de recourir à l'intervention du Créateur dans toutes les questions d'origine; que la géologie a détruit pour jamais l'opinion des philosophes du dernier siècle, qui, pour échapper à la nécessité d'une création, avaient recours à une succession éternelle et infinie des êtres vivants ; et que c'est encore à la géologie que nous devons la plus complète réfutation de tous ces systèmes à métamorphoses, selon lesquels les espèces végétales et les races animales, d'abord fort simples et uniformes, vont toujours en se compliquant et en se perfectionnant de plus en plus, M. Godefroy aborde en ces termes la grande question des créations successives :

« Mais ici, en face de la Genèse et de l'harmonie symétrique de ses créations, se présente la question des apparitions ou créations successives que réclament instamment les monuments géologiques, la question de ces formations concomitantes de nouveaux animaux et de nouvelles plantes aux diverses époques géologiques.

« Voyons donc quelle est la doctrine présentement enseignée en géologie.

« Pour expliquer certains phénomènes, on n'a plus recours à ces irruptions itératives de la mer, à ces alternatives de destructions et de créations nouvelles qui coûtaient si peu aux premiers géologues. A cet égard il y a insurrection générale de la science la plus moderne contre la *vieille* science des *géologistes*, pour reproduire les expressions du jour.

« On reconnaît et on convient aujourd'hui que la vie sur le globe n'a point été renouvelée ; que seulement d'autres espèces, des familles nouvelles étaient successivement répandues sur sa surface à mesure que les races anciennes disparaissaient ; qu'à mesure que les conditions d'existence changeaient, des espèces nouvelles venaient remplacer celles qui n'avaient plus de rôles à remplir.

« En même temps on enseigne qu'une merveilleuse harmonie, qui révèle de toutes parts un plan unique, suivi constamment, uniformément, se manifeste, dès l'origine, dans toutes les parties de la création ; que les poissons les plus anciens, ceux des roches silusiennes, possèdent une organisation aussi parfaite que celle de plusieurs espèces actuellement vivantes dans la Méditerranée ; que, dès les premiers temps, les formes organiques les plus élevées et les plus complètes ont été réalisées dans les différentes classes, et que, si pendant la longue durée des périodes géologiques il y a eu changement dans les espèces, il n'y a pas eu perfectionnement dans l'ensemble ; que même sur plusieurs points on observe une sorte de développement rétrograde qui s'avance des formes complexes aux formes simples ; que certaines espèces offrent dans leur organisation une perfection de mécanisme, un fini de combinaison beaucoup plus admirable que chez aucune des espèces qui les représentent dans les âges postérieurs.

« On est forcé d'abandonner cette ancienne idée que « les premiers êtres n'étaient que des ébauches impar- « faites de la nature. S'il y a eu progrès dans la création « en ce sens que les différentes classes d'animaux ver- « tébrés n'ont paru que successivement, il est important « de bien établir que les produits de la création, quel « que soit le rang qui leur est assigné, ont présenté à « toutes les époques cette admirable perfection qui ap- « partient à tout ce qui sort des mains du Créateur. »

« C'est ainsi que la mission de porter le dernier coup à la théorie d'un développement progressif, tel que l'entendaient les anciens géologues, a été plus spécialement

confiée à MM. Murchison, de Verneuil et Keyserling, qui
ont encore été appelés à constater que « l'extinction et le
« renouvellement des espèces ne sont pas dus à des chan-
« gements de courants ou à d'autres causes plus ou
« moins locales ou temporaires, mais qu'ils dépendent
« de lois plus générales qui gouvernent le règne animal
« tout entier. »

« Dans ce revirement de la science M. Agassiz devait
faire entendre sa puissante voix. Aussi vient-il de signaler à l'attention du monde savant, que « l'existence de
« la famille des clypéastroïdes si répandus dans nos mers
« actuelles offre un fait analogue à celui que présente la
« famille des ammonites à la dernière époque de son
« existence dans les terrains crétacés, où l'on voit appa-
« raître une foule de genres bizarrement enroulés à la
« suite des espèces si régulières et si parfaitement symé-
« triques des terrains les plus anciens ; » que « les échino-
« dermes étoilés commencent leur développement dans les
« terrains les plus anciens par une foule de genres et
« d'espèces qui, à bien des égards, paraissent de beaucoup
« supérieurs à leurs représentants actuels ; » que « l'étude
« des végétaux fossiles a déjà mis en évidence des faits
« analogues ; » que « il suffit, pour s'en convaincre, de
« rappeler les fougères, les lycopodiacées et les equisé-
« tacées des terrains houillers, et de les comparer aux
« représentants actuels de ces familles. »

« Dans ce nouvel état de choses, il nous semble que
rien ne s'oppose, ou plutôt il nous semble que tout con-
court à concilier les doctrines de la saine géologie avec les
révélations de la Genèse. »

Il serait trop long de suivre l'auteur dans le développement de son système sur ces successions et répétitions de créations organiques, résultat d'une action incessante et continue pendant toute la durée des *six générations du ciel et de la terre*, jusqu'au jour du repos du Créateur et de la cessation de l'action créatrice ; sur la sanction solennelle et définitive donnée aux générations génésiaques à l'ouverture du septième jour, à l'ouverture du jour du domaine de l'homme, de ce jour que l'Homme-Dieu a appelé son jour, *diem meum*. Je ne le suivrai pas dans ses considérations sur l'ordre d'origine et sur l'ordre de prédominance, marqués par Moïse, dans les productions organiques comme dans les laborieuses évolutions du monde inorganique ; sur sa création complémentaire en Éden, entièrement distinguée des créations des temps géologiques, but final du Créateur ou dernier terme de cette longue succession de formes organiques que la géologie avait mission de nous révéler ; et sur l'intronisation de l'homme dans cette localité tout à fait à part, au milieu des êtres créés pour ses besoins, loin des dernières espèces géologiques qui se partagent encore ailleurs les autres parties des continents. Je ne le suivrai pas non plus dans ses déductions théoriques sur les représentants actuels des animaux créés dans Éden et qui ont accompagné l'homme dans son exil, et sur les représentants analogues des animaux qui de ce point central se sont répandus et propagés sur une partie plus ou moins grande du continent adamique.

C'est à la suite de ces considérations et explications pleines d'actualité sur cette grande et capitale question des créations successives, mais dans lesquelles je ne saurais m'engager sans sortir des bornes que je me suis prescrites (Voy. *Cosmog. de la révél.*, p. 234 à 267), c'est à la suite de cette exégèse d'une théosophie toujours originale, que vient la réfutation du système antéhexamérique du docteur Buckland.

Parce que M. Debreyne lui-même convient que le système antéhexamérique a trouvé de nombreux échos; qu'on a cherché à l'appuyer de l'autorité de plusieurs graves personnages; que M. Desdouits, pour avoir prêté à ce système tout le prestige de son talent dans ses *Soirées de Montlhéry* et dans l'*Université catholique*, a été chargé de donner les explications géologiques sur la Genèse dans la composition de l'immense ouvrage de M. l'abbé Migne (*Théorie bibl.*, p. 16, 17, 187), je crois devoir rapporter *in extenso* un rescrit qui ne figure que pour mémoire dans la *Réfutation des systèmes modernes* de l'auteur de la *Doctrine nouvelle*. Pour me servir encore des expressions de M. Debreyne, dans son arrêt de condamnation contre le système de M. Glaire, il est nécessaire de combattre l'erreur et de prévenir le clergé contre une doctrine hétérodoxe, surtout quand les auteurs ou les propagateurs de cette doctrine sont de ceux qui, par l'autorité de leur nom et de leur haute position dans le corps enseignant de l'Église, imposent ordinairement leurs opinions et leurs méthodes à la grande majorité de leurs inférieurs.

Je laisse parler le sévère, mais consciencieux critique :

« Nous livrons, en terminant, tous ces faits et considérations aux méditations des auteurs de l'hypothèse toute récente, qui rejette les créations des végétaux et des animaux des temps géologiques, avec la formation du ciel et de la terre, au delà du point de départ de la narration mosaïque, au delà du premier jour de la Genèse. Ces nouveaux interprètes, pour mettre cette narration en dehors de toute discussion géologique sur l'histoire des formations stratifiées de l'enveloppe superficielle du globe, n'ont pas craint de se poser les contradicteurs de Moïse, en se prononçant ouvertement contre la teneur de son récit, en repoussant l'esprit et la lettre du texte sacré, qui porte expressément que c'est en six jours, et non avant les six jours, que c'est dans l'espace des six jours génésiaques qu'ont été opérées et accomplies toutes les merveilles de la création.

« Moïse déclare que les générations génésiaques sont les générations du ciel et de la terre lorsqu'ils furent créés, alors que Dieu fit le ciel et la terre, *quandò creata sunt, in die quo fecit Dominus Deus cœlum et terram*. Et ses interprètes professent que « nulle part il n'est dit que la terre « ait été créée soit le premier jour, soit quelqu'un des jours « suivants ; » ils publient que « la terre et le ciel exis-« taient antérieurement. » Moïse répète, Moïse proclame solennellement que non-seulement le ciel et la terre, mais que le ciel, la terre, la mer et tout ce que renferment le ciel, la terre et la mer furent faits et formés dans l'espace des six jours génésiaques : *Sex enim diebus fecit Dominus cœlum et terram, et mare, et omnia quæ in eis sunt.* Et les interprètes de Moïse enseignent que « la « terre et la mer (ou les eaux) ne firent pas partie des « œuvres accomplies pendant les six jours. »

« Chez M. Desdouits, comme chez le docteur Buckland, l'inventeur de cette hypothèse, l'histoire de la création n'est plus que « l'histoire de la réorganisation d'un « monde primitif, » et chez M. Jéhan, leur continuateur, « il ne s'agit dans l'œuvre des six jours que d'une trans- « formation d'un ancien monde naufragé ; » et même, pour M. Desdouits, « l'histoire de la Genèse ne commence « qu'à la naissance de l'homme. »

« En conséquence de cette métamorphose que ses auteurs appellent complaisamment UNE IDÉE NEUVE , « le « second verset de la Genèse dépeint l'état du globe tel « qu'il était LE SOIR DU PREMIER JOUR, » ou la veille de la création biblique ; de manière que le *fiat lux* de la création « signifie simplement une substitution de la lu- « mière **à** l'obscurité qui avait temporairement cou- « vert la surface de notre planète, le soir de ce premier « jour. »

« En quoi consiste cette création biblique, « la dernière « après beaucoup d'autres, mais résumé fidèle, mais ré- « sumé plus parfait de tous les ouvrages antérieurs, » résumé fidèle et plus parfait de toutes ces autres créations ? En un mot, comment s'est opérée « la création « dont la Genèse nous retrace l'histoire ? » C'est ce que le monde chrétien va savoir enfin.

« Écoutons les nouveaux docteurs :

« Si nous supposons que les ténèbres, qui couvraient « le soir du premier jour, n'étaient que des ténèbres tem-

« poraires produites par l'accumulation de vapeurs denses
« accidentellement amoncelées dans notre atmosphère, *on*
« *peut concevoir* comment un commencement de disper-
« sion de ces vapeurs rendit la lumière à la surface de la
« terre le premier jour ; » et, par conséquent, « *on peut*
« *concevoir* comment la purification complète de l'atmos-
« phère, au quatrième jour, fut cause que le soleil, la lune
« et les astres apparurent dans la voûte des cieux, » ou,
comme l'un d'eux l'exprime d'une manière moins sen-
tencieuse, « auraient apparu de nouveau dans la voûte
« des cieux. »

« Mais alors aussi on peut concevoir, et on conçoit effectivement, que la grande opération du firmament n'est
plus qu'un hors-d'œuvre aussi disparate qu'embarras-
sant. C'est pourquoi M. Buckland, non plus que M. Desdouits, non plus que M. Jéhan, n'a voulu nous rien dire
de cette opération du deuxième jour.

« Au moyen de ces suppressions, omissions et modifications, la scène change entièrement de face, et *la création,*
dont la Genèse nous retrace l'histoire, ressemble tellement
à la description d'une journée de printemps succédant à
une dernière journée d'hiver, qu'on conçoit très-bien
aussi pourquoi les nouveaux interprètes imposent encore
silence à l'historien inspiré, lorsqu'il déclare que les générations qu'il vient de décrire sont les générations du
ciel et de la terre créés au commencement du premier
jour et formés pendant les six jours génésiaques ; et lorsqu'il dit et répète si souvent, avec tous les autres écrivains sacrés, que le ciel et la terre et tout ce que comprennent le ciel et la terre furent commencés et achevés
dans l'espace de ces six jours.

« C'est peut-être cette trop grande simplicité d'action,
cette annihilation complète de l'acte cosmogonique , qui

fait que M. Jéhan est dans le doute, s'il ne faut pas plutôt attribuer les ténèbres de la première nuit ou de la
veille du premier jour à une débilitation momentanée du
soleil et des autres astres, s'il n'est pas possible que
« ces instruments vibratoires (le soleil et les autres as-
« tres) aient été temporairement frappés d'inertie. »

« M. Desdouits a eu le même scrupule. M. Desdouits
paraît même vouloir s'arrêter définitivement à cette dernière pensée, qu'il développe avec une grande complaisance de prédilection. « Les ténèbres, dit-il, régnaient
« alors sur la terre parce que le fluide éthéré ne vibrait
« plus, » et le fluide éthéré ne vibrait plus, « parce que
« Dieu avait interrompu ses vibrations ; » et parce que
Dieu avait interrompu ses vibrations, « ni le soleil ni les
« étoiles ne pouvaient être visibles. »

« De là la nécessité, pour les nouveaux interprètes, de
recourir « à un moyen provisoire pour la production de
« la lumière, le premier, le second et le troisième jour. »

« On ne nous dit pas quel était ce moyen. On nous
avertit seulement que ce moyen était, sinon indépendant
de la vibration de l'éther, du moins « tout différent de
« l'impulsion du soleil et des autres astres ; » de sorte
que nous ne savons pas s'il est question ici de ce vaste
bain liquide et bouillonnant dont nous a parlé un autre
auteur, s'il faut recourir à cette conflagration universelle
qui devait produire une lumière aussi vive qu'étincelante de clarté, au dire de ce même auteur.

« Il est vrai que M. Desdouits enseigne que, pendant
ces trois jours, Dieu, suppléant à l'inertie du soleil, met-
tait lui-même en vibration le fluide éthéré, en même temps
qu'il faisait tourner la terre sur son axe. Mais M. Jéhan
prétend que « le globe n'avait pas cessé d'accomplir sur
« son axe sa révolution diurne ; » puis M. Jéhan fait

observer que « la matière éthérée est mise en vibration « non-seulement par les astres, mais encore *par la com-* « *bustion.* »

« Quoi qu'il en soit, et quelque opinion qu'on puisse avoir de la nature ou du mode d'action de cette lumière antégénésiaque, les trois interprètes sont d'accord sur ce point, que la lumière existait antérieurement au premier jour. Ce qui le prouve, selon M. Desdouits, ce qui prouve que « la lumière existait déjà dans le système des mon- « des antéadamiques » ou antégénésiaques, « c'est que « les animaux de ces anciens mondes avaient des yeux « comme les animaux de notre système ; » argument déjà présenté par le docteur Buckland et reproduit pres- que dans les mêmes termes par M. Jéhan, qui a voulu expliquer, à son tour, comment cette opinion de l'anté- riorité de l'existence de la lumière se trouve « confirmée « par l'existence d'yeux chez les animaux fossiles décou- « verts dans les formations géologiques de tous les âges. »

« Cependant, malgré toute leur habileté, ni M. Jéhan, ni M. Desdouits, pas plus que le docteur Buckland, n'ont pu trouver un seul mot d'explication pour l'œuvre du deuxième jour. La raison en est que la Genèse nous pré- sente le tableau complet de la formation du ciel et de la terre et de tout ce que renferment le ciel et la terre, et non l'histoire tronquée d'une organisation sublunaire substituée à une ou plusieurs organisations antégéné- siaques complétement détruites.

« C'est ainsi que sont frappés d'impuissance tous ceux qui, au mépris de cet oracle de nos Livres saints, tentent de contredire la parole de vérité : *Non contradicas verbo veritatis ullo modo, et de mendacio ineruditionis tuæ con- fundere.*

« L'oracle est accompli en tous points ; la sentence portée contre les novateurs a reçu son entière exécution ; car cette réorganisation d'un ancien monde naufragé, ou cette substitution d'un monde nouveau à un monde usé ou ruiné, est en même temps en contradiction flagrante avec les faits géologiques mieux appréciés et mieux connus. L'*idée neuve* d'une création détruite, puis recommencée sur un plan tout nouveau, ne peut se soutenir en présence de ces attestations réitérées de la science, qu'un grand nombre d'espèces végétales et animales, se montrant à tous les étages de la série des terrains, se sont perpétuées jusqu'à nos jours. Difficulté inattendue contre laquelle viennent se briser les efforts désespérés de l'esprit d'innovation, et qui ne trouve de solution que dans la majestueuse économie du récit biblique, qui nous fait assister à une succession progressive de créations harmoniques, continuées pendant les troisième, quatrième, cinquième et sixième jours génésiaques, jusqu'au moment de l'apparition de l'homme créé à l'image de Dieu, ou pendant tout le temps de cette *préparation* de la demeure de l'homme.

« Nous le répétons : *pendant tout le temps de cette préparation de la demeure de l'homme.* Car, même dans l'hypothèse dont il s'agit, et de l'aveu même de ses adeptes, les jours ou les générations génésiaques conservent toute leur signification et leur valeur : « Dans cette hypothèse, « les jours de la création pourraient être de véritables « jours, ou PLUTÔT ils seront ENCORE des périodes quelcon- « ques dont la durée sera aussi indifférente qu'elle est « incertaine. » Aveu remarquable qui n'a point échappé à l'attention du savant et consciencieux auteur des *Discours sur les rapports entre la Science et la Religion révélée.*

« C'est ainsi que ceux-là mêmes qui avaient voulu se mettre « en dehors de l'arène où s'exercent la science

» et ses systèmes, » sont contraints de rentrer dans cette arène, parce que le Dieu de la création ne saurait être autre que le Dieu de la science : *Quia Deus scientiarum Dominus est.*» (*Cosmog. de la révél.*, p. 267 à 274.)

En présence de pareilles protestations, on conçoit difficilement que M. Debreyne ait pu croire que sa réfutation des moyens de solution proposés par M. Glaire comportait la réfutation des explications présentées par M. Godefroy. Les principes géologiques de ces deux auteurs diffèrent entre eux autant peut-être que leurs principes cosmogoniques (1), et autant que la *Cosmogonie de la révélation* diffère de la *Théorie biblique.* Mais voyons quelle est, dans cette *Théorie biblique,* la nouvelle voie ouverte pour la résolution du problème abandonnée par l'auteur de la *Physique sacrée,* et vainement tentée par M. Glaire, l'auteur des *Livres saints vengés.*

II. — Il ne s'agit de rien de moins, dans cette seconde partie ou dans la partie géologique de cette *Théorie biblique,* que de résoudre le problème de la formation des terrains géologiques, soit dans

----

(1) « Le vénérable M. Glaire a essentiellement dérogé à son mandat, s'il est vrai, comme on nous l'assure, qu'il reproduise plus ou moins explicitement les idées si étrangement hétérodoxes de l'auteur du *Cours de physique sacrée,* soit qu'il rejette la création du ciel et de la terre à l'état naissant ou de matière élémentaire, qu'il appelle avec lui l'hypothèse des *astronomico-chimistes,* soit qu'il juge convenable de placer la création du soleil, de la lune et des étoiles le quatrième jour de la création de la terre, soit enfin qu'il imagine de chercher en dehors du soleil un moteur de l'éther antérieur à cet astre. » (*Cosmog. de la révél.*, p. 412.)

l'intervalle des quarante-huit heures de M. Maupied, qui séparent sa création du soleil de la création de l'homme, soit pendant les quatre jours écoulés entre la formation de la terre de M. Debreyne et sa formation des astres ou sa création du soleil, de la lune et des étoiles, soit enfin postérieurement à la création de l'homme.

Cette seconde dissertation, débarrassée des considérations sur les fossiles, sur le développement continu des strates, sur leur gisement, leur métamorphisme, leurs redoublements, etc. , se réduit à ces quelques aphorismes :

1° « Après la création de l'homme, les terrains primitifs existaient seuls : ils formaient les montagnes, les plateaux, les plaines et les vallées. »

Ainsi, premier point : La formation des terrains stratifiés ou de sédiment est postérieure à la création de l'homme, et il n'y a d'antérieur à cette création que la formation des divers granits, des roches micacées, talqueuses, amphiboleuses, feldspathiques, etc., qui constituent l'immense série des terrains primitifs.

2° « Les faits, tous les jours plus nombreux, de la présence de débris d'animaux de toute espèce dans les couches de transition, forcent la science à conclure que les terrains de transition, comme les terrains secondaires et tertiaires, sont dus à une même cause. »

3° « Ils offrent (ces terrains), dans leur composition, dans leur texture et dans leur stratification, une multitude d'accidents qu'on n'a pu expliquer jusqu'ici, et dont on n'a pu saisir le fil, faute d'avoir reconnu le déluge pour la cause géologique unique et universelle. » (*Théor. bibl.*, p. 199, 221.)

Second point : La formation de tous les terrains stratifiés est contemporaine du déluge.

Pour la solution complète de ce haut problème, il a suffi à l'auteur de découvrir que « les eaux du déluge possédaient au degré le plus éminent la propriété lapidifiante et fossilifiante, » et que « la terre, à cette époque, a vu cesser son mouvement diurne de rotation sur elle-même, pendant qu'elle continuait sa trajectoire annuelle. » (*Ibid.*, p. 245, 278.) C'est ce que M. Debreyne appelait dans son programme, *poser des principes géologiques certains appuyés sur les faits les plus positifs de la géognosie, de la minéralogie et de la géologie.*

Maintenant, veut-on savoir pourquoi l'on ne trouve pas de restes humains dans la dernière de ces formations géologiques, dans les nombreux dépôts des terrains tertiaires si abondants en débris d'animaux de toutes espèces ?

« C'est que les hommes n'ont pu surnager comme les animaux, et qu'en supposant même qu'un grand nombre d'entre eux aient pu nager quelque temps, la fatigue causée par la position qu'exige cet exercice les aura bientôt fait périr dans les flots, tandis que les animaux ont pu nager longtemps; que dès lors les hommes ont dû être ensevelis dans la première formation diluvienne, c'est-à-dire dans les couches de transition. » (*Ibid.* p. **231.**)

C'est donc là qu'il faut les chercher, si on veut les trouver. C'est dans ces premiers terrains, déposés avant que les animaux , plus habiles nageurs, eussent cessé de se maintenir à la surface de l'eau, qu'on doit rencontrer les débris de cette génération maudite. Quant aux générations de la période anté-diluvienne, dont l'auteur ne parle pas, quant à tous les autres antédiluviens, morts avant cette grande catastrophe, on retrouvera infailliblement leurs ossements dans les terrains primitifs, qui *existaient seuls* à cette époque.

Alors l'observation aura pleinement confirmé cette première promesse écrite dans le nouveau programme : « Nous prouverons par les faits les plus scabreux et les plus inexpliqués de la science que nos principes géologiques, fondés sur l'unité de la cause biblique, sont parfaitement en harmonie avec l'observation; » étant expliqué ici que « cette cause géologique unique, c'est le déluge. » (*Ibid.*, Introd. p. 18.) Il n'y aura plus qu'à aviser aux moyens de rattacher à *cette cause géologique unique,* le second déluge dont il va être question ; car il faut savoir que l'auteur introduit, comme nécessité de la science , comme *complément indispensable à la géologie,* un *second déluge,* arrivé, « environ huit cents ans

après le déluge biblique, » à l'occasion d'une *nouvelle suspension du mouvement de rotation de la
terre*, second déluge qu'il donne pour seconde ou
dernière cause géologique générale, dans un avant-
dernier chapitre ayant pour titre : *Epoque post
diluvienne*.

Or, voici comment il se fait qu'un second déluge,
de l'époque post-diluvienne et postérieur de huit
siècles au déluge biblique, devient une *nécessité
de la science* :

« Une formation singulière, toute de transport, et
qu'aucune inondation particulière n'a pu produire, une
inondation presque universelle et due à une seule et
même cause, exige par son importance d'être exposée
ici avec quelque détail. Nous le devons d'autant plus
qu'elle a donné le change aux géologues qui l'ont prise
pour l'effet du déluge mosaïque. On nous a prévenu en nommant le terrain connu sous le nom de *diluvium*.

« Ce terrain de transport est semblable aux premiers
terrains de transition dont il ne diffère que par moins
d'universalité. On voit souvent ce terrain remplir des cavernes, où il a recouvert des quantités immenses d'ossements des animaux terrestres que les flots avaient enlevés
des contrées sur lesquelles ils avaient passé ; et l'englou-
tissement de l'Atlantide (1) explique le transport des
animaux des tropiques jusque dans les cavernes d'Angle-
terre, mêlés à des animaux du pays.

(1) « C'est à cet événement prodigieux que nous attribuons la dispari-
tion de l'ancien continent de l'Atlantide, englouti dans les abîmes de
l'Océan.» (*Ibid*. Introd. p. 20.)

« A cette époque *post-diluvienne* peuvent se rapporter les lacs salés de la Tartarie et du Thibet, les incrustations salines du désert de Saarah, la forêt sous-marine de la Rochelle, les forêts ensevelies de Lincoln, d'York, de Bruges, de la Frise ; les rochers isolés de toutes les contrées du monde, rochers qui reposent, loin de leur lieu d'origine, sur tous les terrains diluviens et qui appartiennent aux divers calcaires diluviens ; ces blocs erratiques qui font le désespoir des géologues, et qui subsistent à la confusion de la science, pour laquelle ils resteront inexpliqués jusqu'à ce qu'elle ait admis cette seconde catastrophe du globe. » (*Théor. bibl. loc. cit.*)

Ainsi, de tous les terrains qui constituent la croûte extérieure du globe, le terrain, connu en géologie sous le nom de *diluvium* ou de terrain diluvien, est le seul dont la formation ne peut être attribuée au déluge ; « d'abord, parce qu'elle (cette formation) ne se montre jamais au delà de deux cents mètres au-dessus du niveau de la mer ; ensuite, parce qu'elle est superposée à toutes les couches dues à ce déluge ; » et parce que « la Judée, protégee par ses montagnes, n'a pas éprouvé les effets de l'inondation, dont la Grèce, l'Égypte, l'Italie, etc., portent la marque dans toutes les vallées qui les couvrent. » (*Id. Ibid.*)

Et ainsi se trouve résolu le problème de la formation de tous les terrains géologiques postérieurement à la création de l'homme ; ce problème que, dès 1844, dans son Introduction au *Nouveau traité des sciences géologiques*, M. Maupied déclarait « plus abordable » que le problème résolu dans son *Cours de physique sacrée*, PLUS ABORDABLE que le problème, par lui résolu, de la création de la terre avec ses montagnes et ses vallées et en état de recevoir ses habitants antérieurement à la création du soleil, de la lune et des étoiles, et même antérieurement à l'existence des lois de l'astraction universelle et à la création de l'éther ; « parce que là, disait-il, nous « avons les données de toutes les sciences natu- « relles. »

Mais il paraît que M. Jéhan avait mieux jugé de la grandeur de la difficulté que l'auteur lui-même ; car en avertissant, dans ce même *Traité des sciences géologiques*, que « M. Maupied n'a encore publié que la moitié de sa thèse, » et qu'ainsi « il lui reste à expliquer la formation des couches sédimentaires et fossilifères qui composent la croûte du globe, » M. Jéhan fait suivre cet avis de cette déclaration officielle et officieuse : « Pour cette tâche, qui semble d'abord assez difficile dans la position qu'il s'est faite, nous savons que la science et le talent ne lui manqueront pas. » Puis, il cite plusieurs fragments de cette première partie du *Cours de physique sacrée*, « pour faire apprécier la profondeur de savoir, la rigueur de méthode, et la force de raisonnement, qui caractérisent tous les travaux de cet habile défenseur de la religion et des saines doctrines. » (*Op. cit.*, p. XXIV, XXV, et p. 371 et 386.) Et, malgré tout, *M. Maupied n'a encore publié que la première moitié de sa thèse.*

La tâche qu'il s'était imposée était en effet si difficile, que le savant doyen de la Faculté de théologie de Paris, qui avait voulu l'entreprendre, est tombé dans des inconséquences telles, que son contradicteur, M. Debreyne, exprime la crainte que ses lecteurs ne lui reprochent d'avoir perdu le temps à réfuter une absurdité.

Et véritablement la difficulté était immense, puisque, pour la lever, il n'a fallu rien de moins que le recours à une double suspension du mouvement de rotation de la terre, et à un second déluge postérieur de huit siècles au déluge historique ; en outre de la découverte d'une *propriété lapidifiante et fossilifiante,* AU DEGRÉ LE PLUS ÉMINENT, *dans les eaux du* premier *déluge.*

Après cela, M. Debreyne n'a point à craindre que cette solution du haut problème attire jamais à quelqu'un de ses lecteurs le reproche qu'il redoutait pour lui-même à l'occasion de sa réfutation du système de M. Glaire. Il a beau protester qu'il est prêt à satisfaire à toutes les objections, qu'il les appelle même de tous ses vœux, et qu'il regardera comme un devoir d'y répondre, quelque ennui que pût lui occasionner ce surcroît d'occupation (*Théor. bibl.* p. 300), personne ne voudra lui causer cet ennui. Personne ne voudra lui demander comment la Judée, par la seule protection de ses humbles montagnes, a pu être à l'abri d'une inondation qui s'est élevée dans toutes les autres parties du globe à deux cents mètres au-dessus du niveau de la mer.

Chacun a compris ou chacun comprendra qu'une réponse à une pareille question se ferait attendre plus longtemps encore que la solution promise par M. Maupied par *cet habile défenseur de la religion et des saines doctrines*. Mais on aurait désiré que M. Debreyne eût eu l'attention de prévenir que sa doctrine sur ce double déluge et sur la cause physique de ce double déluge est la reproduction exacte et à peu près littérale de la doctrine de M. Chaubard, et par lui longuement développée dans ses *Éléments de géologie*. Il n'y a pas jusqu'à cette circonstance de *la fatigue causée par la position qu'exige cet exercice*, l'exercice de la natation, de la part des naufragés ou des témoins actifs de l'un et de l'autre déluge, qui ne se retrouve chez ce premier auteur (1), avec une indication tout aussi précise de la formation géologique et de l'endroit de cette formation où sont ensevelis les ossements des hommes antédiluviens (2).

(1) « Le déluge ayant été causé par une invasion subite et violente de la mer, tous les hommes ont été noyés presque en même temps... quant aux quadrupèdes, il a dû en être autrement. Nager est pour l'homme un art pénible : ce n'est que par des efforts continuels qu'il se maintient à la surface de l'eau. Pour les quadrupèdes ce n'est que le simple exercice d'une faculté naturelle. Ils nagent avec une telle facilité que l'on peut, sans crainte de se tromper, affirmer qu'ils peuvent nager jusqu'à ce qu'ils meurent de faim. pour que l'on pût dire ensuite ce qu'est devenu leur cadavre, il faudrait savoir ce qui arrive lorsqu'un quadrupède meurt dans l'eau, ce que l'on ignore absolument. » (*Élém. de géologie*. 1833, p. 127.)

(2) « Ce n'est que dans les terrains de transition et même dans les granits à gros gravier, qui sont le dépôt le plus ancien de cette formation, que l'on pourrait espérer de trouver des ossements humains. C'est là seulement, non ailleurs, que l'on pourrait raisonnablement concevoir l'espérance d'en trouver un jour, et non parmi les ossements de quadrupèdes, où ils ne peu-

Certainement M. Chaubard aurait pu se dispenser d'informer ses lecteurs que son « système géologique est hors de toute catégorie et ne ressemble en rien à ceux qui l'ont précédé. » (*Élém. de géolog.* Avant-propos, p. 11.) Mais M. Debreyne devait aux siens l'aveu que tout l'honneur de ses découvertes appartient en propre à ce géologue, et que la *Doctrine nouvelle* ressemble en tout point à celle de son prédécesseur. Il a mieux aimé leur donner cet avis, qu'*il a écrit sans s'inquiéter des doctrines professées autour de lui, et qu'il ne fait que devancer les aveux futurs de la science.* Du moins, plus consciencieux à cet égard que M. Chaubard, le religieux de la Grande-Trappe ne fait aucune difficulté d'avouer que *la Bible ne s'explique pas sur ce second déluge,* pas plus qu'elle ne s'explique sur cette double suspension du mouvement de rotation de la terre, et qu'il a été obligé de *suppléer à son silence.* (*Théor. bibl.* p. 235, 300, 316.)

Quoi qu'il en soit, cette nouvelle méthode, cette autre *idée neuve,* cette manière d'expliquer la Bible en supléant à son silence ne pouvait manquer d'amener à des résultats tout à fait inattendus, témoins ceux obtenus par M. Frédéric Klée dans son explication du déluge biblique ; résultats dont M. Gode-

vent ni ne doivent se trouver, et où, par une inconséquence vraiment incompréhensible, on s'est obstinément aheurté, où on s'aheurte encore à les chercher.» (*Ibid.* p. 125, 126.)

On voit que M. Chaubard oublie de parler des hommes et des quadrupèdes morts avant le déluge. C'est ce qui fait peut-être que M. Debreyne n'en parle pas non plus,

froy, au moment même de la publication en France de ce commentaire d'espèce nouvelle (1), a mis en relief tout le merveilleux dans ce *compendium* d'une franche crudité :

« En procédant de la sorte on devait arriver à des résultats curieux. On arrive en effet à savoir : « qu'Adam, « chassé d'Eden, a dû trouver la Babylonie passablement « peuplée; » et encore que la première fondation de Babylone est de l'époque antédiluvienne, ou « que Babylone « avait déjà été fondée avant le déluge. »

« Cette dernière découverte est consignée dans le chapitre intitulé : *Hypothèse que la ville de Babylone a existé avant le déluge, et que les images de l'Apocalypse ont été tirées de la catastrophe du déplacement de l'axe du globe, surtout de la ruine de cette ville, détruite lors de cette catastrophe.*

» En outre, il est exposé, dans ce chapitre, que «vraisem- « blablement Babylone fut la ville la plus importante de « l'Etat MODERNE des dieux ou Elohim, qui semble avoir été, « APRÈS CELUI DES ATLANTES, le plus puissant des Etats avant « le déluge ; » car, dans l'hypothèse dont il s'agit, l'*Atlantide détruite* aussi *lors de cette catastrophe, a été l'état civilisé le plus ancien.*

« Voici comment tout ceci se démontre ou s'explique :
« L'Atlantide des anciens est l'Europe actuelle. » Or, « de même qu'on peut démontrer que, dans notre

____

(1) *Le déluge,* par M. Frédéric Klée, de Copenhague. Edition française, Paris 1847.

Malgré ce titre, l'auteur donne, en outre, une *Théorie de la formation du monde,* pareillement « d'accord avec la Genèse. « Mais M. Godefroy ne s'est occupé que de la nouvelle théorie du déluge

» ère, la civilisation a suivi la marche du soleil de l'orient
» à l'occident, de même elle l'a suivie avant le déplace-
» ment de l'axe, en passant de l'Europe dans l'Asie oc-
» cidentale, située *alors* à peu près *à l'occident de l'Eu-*
» *rope*, et en s'arrêtant aux Indes et dans la Chine, où le
» soleil, pour ainsi dire, *s'est arrêté et a changé sa direc-*
» *tion.* »

» Ce qui signifie qu'avant cette rétrogradation (car il est
question ici bien moins d'un simple déplacement de l'axe
que d'un détournement, d'un changement de rotation
ou d'un mouvement rétrograde), l'Europe actuelle était à
l'orient de l'Asie occidentale d'aujourd'hui, c'est-à-dire
à l'orient de la Babylonie, et par conséquent à l'orient de
la Chine, d'où la civilisation, en conséquence de la nouvelle marche ou nouvelle direction du soleil, est revenue
ensuite, en repassant par les Indes et par la Babylonie,
jusque dans l'Europe actuelle, son berceau primitif; avec
cette différence, néanmoins, que, cette fois, le soleil
n'ayant plus changé de direction, « elle (la civilisation)
» a continuée sa route du côté de l'occident, en passant
» dans l'Amérique. »

» Voilà pourquoi l'*Amérique se développe avec une force
gigantesque*, au détriment de l'Europe actuelle *qui ne fait
plus que de lents progrès*. Et voilà comment *il est démontré* qu'à part l'Amérique, l'Atlantide ou l'Europe d'aujourd'hui, le dernier des Etats civilisés dans l'ère actuelle,
a été l'Etat civilisé le plus ancien dans l'ère antédiluvienne; et voilà comment l'Etat de ces dieux ou Elohim,
dont Babylone fut la capitale ou la ville la plus importante
avant le déluge, a pu être appelé par l'auteur de l'explication, un ÉTAT MODERNE, comparativement à l'Atlantide
ou à l'Europe de la civilisation antéadamique.

« Voilà aussi, probablement, d'où vient que « les
« Égyptiens, échappés à la mort dont les menaçaient la
« grande inondation et les autres phénomènes qui ont
« accompagné le déplacement de l'axe, » enseignaient
aux Grecs de l'Europe qu'autrefois le soleil se levait à
l'occident et se couchait à l'orient. »

« Enfin, voilà comment il se fait que « la théorie déve-
« loppée dans cet écrit doit exercer une influence puis-
« sante et universelle sur l'astronomie, particulièrement
« sur la théorie exposée par Laplace quant aux mouve-
« ments des corps célestes. »

« Effectivement, cette transformation d'un mouvement
de rotation primitivement dirigé d'orient en occident, ce
mouvement originaire d'orient en occident transformé
accidentellement en rotation d'occident en orient, ren-
verse les principes fondamentaux de l'astronomie, et avec
ces principes fondamentaux tout l'édifice cosmogonique
de M. Laplace, et par contre-coup la *Cosmogonie de la
révélation*.

« L'auteur de cette autre explication est encore arrivé
à cette conclusion : « Il est donc probable qu'il ne fut plus
« créé d'hommes après le déluge, à moins que ce ne soient
« les malheureux Papuas, ou le peuple remarquable des
« Bohémiens, dont l'apparition au milieu d'une période
« historique est encore une énigme. »

« On voit que M. Frédéric Klée a tenu tout ce que
promettait cette épigraphe de son livre :

« Croire tout découvert est une erreur profonde,
« C'est prendre l'horizon pour les bornes du monde. »
(*Cosmog. de la révél.*, p, 302 et suiv.)

Cette épigraphe pouvait tout aussi bien convenir au

livre de M. Debreyne, et d'autant mieux qui si l'un doit exercer *une influence puissante et universelle sur l'astronomie et particulièrement sur la théorie exposée par Laplace*, l'autre substitue définitivement à cette théorie déclarée INSUFFISANTE, au système *pur* comme au système *modifié* du grand astronome, une méthode *éminemment capable de donner la raison de tous les faits astronomiques.* Mais toujours est-il bon de savoir que ce n'est qu'en suppléant au silence de la Bible que l'auteur du *Déluge biblique* et que l'auteur de la *Théorie biblique* ont pu devancer les découvertes de la science. Cet aveu était d'autant plus inattendu de la part de ce dernier interprète, qu'il nous a bien et dûment avertis que, « pour que son œuvre de génération scientifique puisse s'accomplir avec un plein succès, il faut que l'édifice de la science soit enfin posé sur le fondement biblique et sur le principe de l'unité; » ne reconnaissant, en conséquence, d'autre cause géologique que le déluge, le véritable déluge, le déluge biblique, et d'autre principe que le principe de l'unité biblique, et faisant profession ouverte de croire et d'enseigner que « le déluge de Moïse explique tout. » (1).

Mais, alors, pourquoi avoir imaginé de susciter,

---

(1) « Nous félicitons le clergé d'avoir toujours tenu, comme instinctivement, à la pensée qui nous domine et dont la démonstration fait le sujet de ces derniers chapitres. Combien de fois n'avons nous pas entendu dire à des ecclésiastiques : « Les fossiles, quelsqu'ils soient, proviennent du dé- » luge. » On les a traités pendant un temps d'arriérés, et aujourd'hui ils ont raison. » (*Théor. bibl.*, p. 235.)

et de susciter comme *nécessité de la science,* un second déluge postérieur de huit siècles au déluge de Moïse? Pourquoi invoquer un second déluge comme nécessité de la science, quand on déclare que « cette science orgueilleuse, pour n'être pas obligée de reconnaitre le déluge de Moïse qui *explique tout,* est forcée, pour se rendre compte des faits qu'elle ne peut nier, d'admettre jusqu'à dix-sept cataclysmes qui n'expliquent rien, si ce n'est leur propre impossibilité? » (*Théor. bibl.,* p. 270.) Pourquoi suppléer au silence de la Bible, pour obéir à une nécessité qui n'existe pas, pour admettre un deuxième déluge et sacrifier ainsi aux exigences d'une *science orgueilleuse,* aux exigences d'une science qui refuserait de reconnaitre le déluge de Moïse?

Mais, alors encore, pourquoi annoncer que « MM. Glaire, de Férussac et Godefroy y trouvent (dans le principe de l'unité biblique) la condamnation de leur système sur le déluge » (*Ibid.* Introd. p. 19), si ces auteurs n'ont pas péché contre ce principe de l'unité biblique, s'ils ne refusent pas de reconnaitre le déluge de Moïse?

Or, quant à M. Godefroy dont M. Debreyne s'occupe tout particulièrement, parce que, dans son opinion, « M. de Férussac n'est pas assez versé dans l'étude des Livres saints, » et que, de son côté, « M. Glaire a besoin de glaner dans le champ de la science que sa spécialité ne lui permet pas de cultiver directement » (*Ibid.* p. 267, 274), quant à

M. Godefroy il est positif qu'il ne s'écarte en aucune façon de ce principe de l'unité biblique, lui qui n'admet d'autre déluge que le déluge unique de la Bible ; lui qui signale une insurrection générale de la science la plus moderne contre la *vieille* science des *géologistes*, contre ces irruptions itératives de la mer et ces alternatives de destructions et de créations nouvelles qui coûtaient si peu aux premiers géologues.

Il est bien vrai que l'auteur de la *Cosmogonie de la révélation en présence de la science moderne* est loin d'accorder à M. Debreyne que « la science qui attribue l'ensemble des faits géologiques, non pas au déluge, à une cause unique et universelle, mais à d'autres causes, à des causes multipliées ou se succédant à de longs intervalles, est une science chimérique, une science fausse et menteuse qui doit être frappée d'une réprobation universelle. » (*Ibid.* p. 269, 270). C'est, au contraire, en présence des investigations de l'astronomie, de la physique, de la chimie et de la géologie qu'il interroge les archives sacrées, et c'est toujours, en continuant de citer ses propres expressions, en présence des doctrines scientifiques de notre âge qu'il fait intervenir le texte des Écritures, pour trouver les données nécessaires à la résolution de toutes les difficultés contre lesquelles ont échoué les efforts de tant d'interprètes, et qui ont servi si longtemps de point de mire aux sarcasmes de tous ceux qui se disaient les sages de la terre. Et c'est ainsi qu'il a pu signaler aux cosmogonistes cette *loi de continuité, cet ordre d'origine et* cet *ordre de prédominance des grandes divisions de la nature organique et du monde inorganique* (1), en constatant que la science véritable a été la première à reconnaître la nécessité de revenir à la lettre du récit historique des GÉNÉRATIONS DU CIEL ET DE LA TERRE.

Il est bien vrai encore qu'il n'a pas cherché à suppléer au silence de la Bible, dans la pensée, sans doute, que ce n'est pas en suppléant au silence de la Bible qu'il est possible de poser l'édifice de la science sur le fondement biblique. Aussi, dans son exposition, ce second déluge de M. Debreyne, cet autre déluge *général quoique non universel* dont nous parle aujourd'hui M. Debreyne, est le véritable, l'unique déluge biblique; et c'est à ce déluge bi-

(1) « Ces immenses magasins de combustibles, ces précieux et abondants dépots de sel gemme, ces inépuisables mines de marbres, de pierres, et tous ces nombreux filons de métaux sans lesquels nulle culture, nulle civilisation ne serait possible, annoncent et publient, non moins que les hautes merveilles des cieux, les grandes vues du Créateur universel dans l'établissement des lois en vertu desquelles les générations génésiaques se sont développées graduellement et successivement, pendant toute la durée de cette longue et incessante préparation de la demeure de l'homme, *qui præparavit terram in æterno tempore.*

« Dans ces inaugurations des formes organiques, Moïse n'a pu vouloir déterminer que l'ordre d'origine et de nature et l'ordre de prééminence, sans pouvoir rien spécifier relativement au développement graduel des individus ou des espèces compris dans chacun de ces systèmes distincts, dans chacune de ces classifications typiques. Ses instructions sont complètes, mais laconiques et sans explication, parce que c'est à la foi qu'elles s'adressent. Puis, il était impossible que l'historien de la création entrât dans des détails et dans des développements scientifiques qui l'auraient rendu à jamais inintelligible.

« Mais, en se maintenant dans ces bornes nécessaires, ou parce qu'il s'est maintenu dans ces bornes nécessaires, Moïse nous avertit dans sa

blique et unique qu'il attribue cette formation *presque universelle*, connue en géologie sous le nom de *dilurium*, et qu'il rapporte ces blocs erratiques qui subsistent à la confusion de la science, mais seulement à la confusion de la science qui a nie la réalité du grand et terrible événement des annales sacrées, jusqu'à ce que la géologie moderne en eût donné une démonstration positive.

Telle est la doctrine dont l'auteur du double déluge poursuit la condamnation, au nom de la science et au nom de la Bible, en invoquant tout à la fois et l'autorité des sciences humaines et le principe de l'unité biblique.

III. En promettant, dans son programme, de réfuter le système sur l'unité du déluge, « par le récit que fait Moïse autant que par la science, » et par la science autant que par le récit de Moïse, « par des

récapitulation qu'il s'est agi, dans l'œuvre des six jours, d'une opération incessante et continue de la puissance créatrice sur chacune des diverses parties de la création, sur chacune de ces six GÉNÉRATIONS du ciel et de la terre...

« C'est pourquoi, dans son récit, Dieu ne donne sa sanction définitive, solennelle, à toutes ses œuvres, à tous ses ouvrages des six jours, et à chacun d'eux, qu'à l'ouverture du septième jour, du jour du domaine de l'homme.

« Alors le règne de l'intelligence, de l'amour et de l'adoration, le règne de la perfectibilité humaine succéda à l'empire de la nature instinctive, au développement de la vie animale qui venait d'atteindre son point culminant, comme l'attestent ces catacombes d'animaux aux proportions colossales, amoncelées à la surface des derniers terrains tertiaires ; de même que l'immensité des terrains houillers, ces debris d'une végétation luxuriante et gigantesque, témoigne que la nature végétative avait exercé sa suprématie à une époque antérieure. » (*Cosmog. de la révél.*, p. 245 à 250.)

raisons invincibles et par les faits les mieux constatés » (*Théor. bibl.*, Introd., p. 18, 19), M. Debreyne promet de rendre l'auteur de ce système justiciable des deux juridictions, de la juridiction scientifique et de la juridiction théologique. Mais voici que, déclinant la première de ces juridictions, il le défère exclusivement à l'autorité religieuse, sous l'inculpation d'avoir émis une doctrine *évidemment contraire à l'ordre formel de Dieu et à la foi catholique*.

Sur quoi est fondée une incrimination ainsi restreinte mais aussi grave dans son espèce? Comment et par quels moyens le religieux de la Grande-Trappe, l'auteur de la *Théorie biblique de la cosmogonie et de la géologie* marque-t-il du sceau de l'hérésiarque, l'œuvre du cosmogoniste géologue qu'il a refusé de traduire à la barre des hommes de la science? C'est ce qu'il faut exposer sans hésitation et sans détour.

Premier chef ou base de l'accusation :

« M. Godefroy, un des plus récents et des plus catholiques des cosmogonistes laïques, prétend que *les théologiens* (LISEZ des théologiens) *enseignent que le déluge n'a point été d'une universalité absolue.* » (*Ibid.* p. 270.)

Il est de toute vérité qu'après avoir établi et par la Genèse et par la révélation évangélique, que les enfants d'Adam ne s'étaient point encore dispersés à l'époque du déluge, le cosmogoniste laïque se pose

cette question : « Le déluge a-t-il été universel ? »
et que cette question il la résout en ces termes :

« A cette interpellation, tous les géologues répondent
que la grande révolution a été générale ; que les innombrables débris organiques, qui, dans toutes les parties
du monde, gisent au milieu du dépôt diluvien, ne
peuvent laisser aucun doute sur l'universalité de la grande
catastrophe qui a produit tant et de si prodigieux phénomènes.

« Cependant des théologiens enseignent que le déluge
n'a point été d'une universalité absolue. On sait que le
père Mabillon soutint cette thèse devant la Congrégation de
l'Index à Rome, et que l'assemblée, composée de neuf
cardinaux, se rangea à l'avis de l'habile défenseur du célèbre Vossius.

« Nous pensons donc que la vérité est dans les deux
camps en apparence opposés, et que ce grand débat
eût cessé tout aussitôt, si les réponses eussent été mieux
précisées.

« Dans notre conviction, le déluge a été universel en ce
sens qu'il a porté ses ravages dans tous les pays du monde ;
mais, dans notre conviction aussi, les points les plus élevés du globe ont été à l'abri de cette terrible inondation.
Dans notre conviction, ces lieux élevés ont pu servir de
refuge à une foule d'animaux, tandis que les espèces qui
accompagnaient l'homme ou qui habitaient les mêmes
contrées, ont été sauvées avec lui de la manière racontée
dans la Genèse. Assurément, en disant que les eaux s'éle-
vèrent de quinze coudées au-dessus des plus hautes montagnes, Moïse n'a pu entendre parler que des montagnes
voisines du pays qu'occupaient les premiers hommes,

que des montagnes de *toute* la terre alors habitée par l'espèce humaine ; lui qui a l'attention d'avertir et d'expliquer, que cette expression *toute la terre* ne comprend sous son acception que la généralité des régions ou des contrées occupées par le peuple dont il parle, et avec lesquelles ce peuple avait des relations d'intérêt ou de voisinage : « Le Seigneur votre Dieu, dit-il aux enfants d'Israël, portera l'effroi et l'épouvante sur *toute* la terre *que vous habiterez.* »

« Moïse, chargé de transmettre à la postérité la teneur de l'anathème fulminé contre les hommes et contre leur demeure : *Ego disperdam eos cum terrâ*, Moïse n'a entendu parler que de la terre habitée par les premiers hommes, que des montagnes connues de ce peuple primitif ; de même qu'il n'a entendu parler que de l'Égypte et des pays adjacents, lorsqu'il dit que la famine régnait sur *toute* la terre, et qu'on venait de *toutes* les régions acheter du blé en Égypte ; de même que, bien évidemment encore, il n'a entendu parler que des contrées voisines de la Palestine, lorsqu'il annonce à son peuple que la terreur de son nom se répandra chez *toutes* les nations qui sont *sous tous les cieux ;* qu'à leur approche *les peuples qui habitent sous tous les cieux* seront dans la consternation et pousseront des cris de désespoir et de douleur.

« Moïse n'a donc pu entendre parler que du continent adamique et que des animaux propres à ce continent adamique, que des animaux créés en Eden et qui avaient accompagné l'homme dans son exil.

« Moïse n'a pu entendre parler, Moïse n'a véritablement entendu parler que des animaux placés sous la main de l'homme. C'est ce qui résulte formellement du récit circonstancié de la Genèse.

« Dieu ordonne à Noé d'entrer dans l'arche avec toute sa

famille, et de prendre avec lui sept individus de chaque espèce des animaux purs, c'est-à-dire des animaux qu'il était permis aux premiers hommes d'offrir au Seigneur en holocauste ; et seulement deux individus, le mâle et la femelle, des animaux impurs ou dont l'offrande était interdite (1). Nécessairement cette classification d'animaux, nominativement désignés ou spécialement énumérés, est exclusive de tous les animaux qui n'entraient pas, qui ne pouvaient entrer dans cette catégorie, pas plus à l'époque de Noé qu'à l'époque où des restrictions dans l'usage de la chair des animaux furent imposées au peuple choisi de Dieu pour habiter, comme le peuple primitif, une toute petite partie de la terre. Mais, nécessairement aussi, cette dénomination distinctive était beaucoup plus restreinte à cette époque d'un culte moins cérémonial et moins chargé d'observances ; alors surtout qu'il ne pouvait s'agir que des animaux nominativement désignés comme propres et impropres aux sacrifices, et non des animaux dont il aurait été permis ou défendu à l'homme de se nourrir. Il est inconcevable qu'une observation aussi simple n'ait pas encore été présentée.

« Il ne pouvait s'agir à cette époque que des animaux nominativement désignés comme propres et impropres aux sacrifices, et nullement des animaux dont il aurait été permis ou défendu à l'homme de se nourrir ; puisqu'au

(1) « La Vulgate (*Gen.* VII, 2) parle de sept couples des animaux purs et de deux couples des animaux impurs : *Septena et septena… Duo et duo..* Mais l'Hébreu, le Samaritain et les Septante portent seulement que Noé eut ordre de faire entrer dans l'arche les animaux impurs par couple, *duo, masculum et feminam*, et les animaux purs par sept, *septena*; c'est-à-dire par sept individus dont trois couples de chaque espèce, et un septième individu mâle pour être offert en sacrifice ; ainsi que l'ont entendu tous les saints Pères et presque tous les commentateurs. » (*Cosmog. de la révél.*, p. 295.)

temps de Noé, la défense de se nourrir de la chair de certains animaux n'existait pas encore ; puisque nous voyons
que la permission de manger de toute chair était générale
et sans restriction aucune. (*Gen.* xi, 3, 4.) Cependant les
animaux qui accompagnaient l'homme étaient, dès lors,
distingués en animaux propres et impropres aux sacrifices,
sous la dénomination de purs et d'impurs, comme il appert pareillement du même texe, où nous lisons qu'au
sortir de l'arche Noé prit de tous les animaux purs pour
en faire un holocauste sur l'autel qu'il venait d'élever au
Seigneur. (*Gen.* viii, 20.) Puis, nécessairement cet holocauste d'action de grâces ne pouvait comprendre qu'un
très-petit nombre d'animaux immolés sur cet autel unique par un seul et même sacrificateur. Et nécessairement
aussi ces animaux désignés comme pouvant être offerts en
sacrifice, et immolés sur cet autel unique, ne pouvaient
être plus nombreux à cette époque qu'au temps de la loi
écrite. Or, dans le Deutéronome, nous ne trouvons que
cinq espèces d'animaux désignés comme propres aux sacrifices, le taureau, le bélier, le bouc, la colombe et la
tourterelle.

« Nous pouvons remarquer encore, et cette remarque
a été faite par le célèbre Deluc, que le récit constate formellement que les animaux qui étaient sur la terre après
le déluge n'étaient pas tous sortis de l'arche, puisque dans
la promesse que Dieu fait à Noé d'établir avec sa race une
alliance dont aucun des animaux ne sera exclu, il est
expliqué que l'effet de cette promesse s'étendra non-seulement sur les animaux qui sont sortis de l'arche, mais
jusque sur toutes les bêtes de la terre, *tam in volucribus
quàm in jumentis et pecudibus terræ cunctis quæ egressa
sunt de arcâ,* ET IN UNIVERSIS BESTIIS TERRÆ. (*Gen.* ix, 9,
10.) « Voilà manifestement, fait observer ici Deluc, une

« extension qui embrasse des animaux distincts de ceux
« qui sont sortis de l'arche en même temps que Noé et sa
« famille. »

« Nous ajouterons que ces bêtes de la terre ou que ces
animaux sauvages, *bestiis terræ,* ainsi distingués des animaux domestiques et qui accompagnaient l'homme, *ju-*
mentis et pecudibus, ne sont pas compris non plus dans le
dénombrement des espèces que Noé avait ordre de faire
entrer dans l'arche (1). (*Gen.* VI, 19, 20.) Autre observation que nous nous empressons de signaler à l'attention
des théologiens.

« Deluc avait bien vu que le récit génésiaque prouve
encore d'une manière directe que la conservation de *toutes*
les espèces d'animaux n'est pas attribuée à l'arche. Il voyait
cette preuve dans l'ordre donné à Noé à leur égard : **Tu**
les feras entrer dans l'arche pour les conserver en vie avec
toi, pour qu'ils puissent vivre, *ut vivant tecum, ut possint*
vivere. (*Gen. ibid.*) « Le but de l'ordre est évident, disait
« Deluc ; il fut que Noé pût promptement peupler d'ani-
« maux le pays qu'il habiterait. »

« Mais, si le *but* de l'ordre est évident, le *motif* de cet
ordre apparaît beaucoup plus évidemment encore. Remarquons donc à notre tour que le motif, la cause de cet
ordre, est que ces animaux créés pour les besoins et l'u-
tilité de l'homme, *jumentis et pecudibus,* à une époque
comparativement fort récente, n'auraient pu trouver de

______

(1) « A la vérité, en outre des oiseaux et des autres animaux domestiques,
jumentis et pecudibus, il est fait mention aussi de reptiles, *reptili.* Mais
quels sont, quels peuvent être ces reptiles, ou que faut-il entendre par cette
expression du texte ? C'est sur quoi les philologues et les interprètes sont
loin d'être d'accord. Cette expression du texte a-t-elle trait à ce serpent du
jardin d'Éden maudit de Dieu, et qui, par le fait même de cette malédiction,
s'est trouvé au nombre des animaux désignés comme impurs, et qu'en conséquence Noé devait faire entrer dans l'arche ? » (*Ibid.,* p. 297.)

refuge, d'asile assuré, au milieu de tant d'espèces de carnassiers et autres animaux sauvages qui infestaient depuis
longtemps toutes les autres parties des continents; races
et espèces beaucoup plus multipliées alors qu'aujourd'hui, comme il est constaté par les monuments géologiques, qui constatent, en outre, qu'un grand nombre d'espèces d'animaux gigantesques disparurent subitement à
cette époque du déluge.

« Il est bien certain que la destruction de la race humaine, à l'exception de Noé et de sa famille, est le but
principal que Dieu s'est proposé en envoyant un déluge
sur la terre. Mais un déluge, et surtout un déluge universel dans le sens présenté par l'Écriture, était nécessaire
aussi pour anéantir tant et de si gigantesques animaux
d'espèces diverses, qui régnaient en dominateurs sur la
plus grande partie des continents destinés à l'empire de
l'homme, et qui précisément en raison de leur taille et de
leurs besoins plus impérieux et plus difficiles à satisfaire,
n'ont pu survivre à cette catastrophe.

« Tout observateur attentif est saisi d'étonnement lors
« qu'il vient à examiner les proportions gigantesques des
« espèces d'animaux qui ont été éteintes dans le grand
« bouleversement du globe. Il se demande *pourquoi ce*
« *sont les plus grandes espèces d'animaux qui ont disparu,*
« *tandis que celles de moindre dimension ont pour la plu*
« *part été conservées.* »

« Ainsi s'exprime un auteur étranger qui aurait mérité
les encouragements des hommes de la science, s'il n'avait
voulu être que géologue; s'il n'avait pas eu la prétention
de s'ériger en réformateur universel dans un ouvrage dont
le *but principal*, dont le but annoncé du moins, est *l'explication du déluge.* » (*Cosmog. de la révél.*, p. 293
et suiv.)

Telle est donc, dans toute sa simplicité, la doctrine sur la question instante de l'universalité du déluge, que M. Debreyne vient déférer au tribunal des hommes religieux, comme entraînant une conséquence évidemment contraire à la foi catholique. Comment une conséquence contraire à la foi catholique a-t-elle pu être déduite de prémisses irréprochables sous le rapport biblique aussi bien que sous le rapport scientifique? C'est ce que l'auteur du double déluge va nous apprendre.

« Suivant la Bible et M. Godefroy lui-même, tous les hommes ont péri. Mais pourquoi alors les animaux sauvages, les bêtes de la terre, même du pays déjà habité par l'homme, pourquoi n'ont-ils pas péri avec lui, puisqu'ils étaient dans les mêmes conditions que lui? Et s'ils n'ont pas péri, comme le prétend M. Godefroy, pourquoi les hommes ont-ils tous péri? Ainsi, si l'on admet que les bêtes sauvages ont pu être sauvées en se réfugiant sur les pics les plus voisins, on demandera toujours pourquoi au moins quelques hommes, placés dans les mêmes conditions, n'auraient pas pu se sauver comme elles. Il n'y a pas de raison pour que des hommes n'aient également pu se sauver, puisque leur condition était absolument la même. Donc tous les hommes hors de l'arche n'auraient pas péri. C'est la conséquence logique, inévitable de l'étrange proposition de M. Godefroy ; et c'est aussi une conséquence évidemment contraire à l'ordre formel de Dieu, c'est-à-dire contraire à la foi catholique. » (*Théor. bibl.*, p. **272, 273**.)

Mais cette étrange proposition n'est pas la proposition de M. Godefroy. Le cosmogoniste laïque enseigne que, hors de l'arche, tous les animaux du pays habité par l'homme ont péri avec l'homme ; mais il enseigne en même temps que tous les animaux n'ont pas péri avec l'homme, parce que tous n'étaient pas dans les mêmes conditions que lui. *Tous* n'étaient pas dans les mêmes conditions que l'homme, puisque *tous* n'habitaient pas la localité toujours occupée par lui, le continent Adamique. La condition n'était donc pas *absolument la même* pour les hommes et pour tous les animaux. Puis, ce cosmogoniste ne parle pas des pics *les plus voisins* de la demeure de l'homme, mais des points *les plus élevés du globe.* Il enseigne que les points les plus élevés du globe ont été à l'abri de l'inondation, et que ces lieux élevés ont pu servir de refuge à une foule d'animaux, à une foule de ces animaux qui se partageaient ailleurs les autres parties des continents, tandis que les espèces qui accompagnaient l'homme ou qui habitaient la même contrée ont été sauvées avec lui de la manière racontée dans la Genèse.

Mais si l'étrange proposition dont il s'agit n'est pas la proposition de M. Godefroy, *la conséquence logique inévitable de cette étrange proposition* ne le concerne en aucune façon ; et par conséquent ce n'est pas à M. Godefroy à se préoccuper ou à s'inquiéter *d'une conséquence évidemment contraire à l'ordre formel de Dieu et à la foi catholique.*

M. Debreyne demande « qu'on ne se méprenne pas sur le but de sa critique. » (*Ibid.*, p. 274.) Nous aurions mieux aimé que M. Debreyne ne se fût pas mépris lui-même sur l'objet ou sur la nécessité de cette critique ; nous n'aurions pas à craindre qu'on soupçonnât un religieux de la Grande-Trappe d'avoir cherché, par des voies au moins indirectes, à mettre en défaut l'orthodoxie d'*un des plus catholiques des cosmogonistes laïques.*

M. Debreyne reproche à M. l'abbé Glaire d'avoir usé de *subterfuge* à l'encontre de ce passage de l'Ecriture : *Disperdam eos cum terrâ*, en invoquant une autre traduction qui dirait : *Disperdam eos de terrâ* (*Ibid.*, p. 263.) M. Debreyne peut être ici dans son droit ; mais M. Godefroy n'a pas employé de ces subterfuges, et véritablement on pourrait croire que le religieux de l'ordre de la Trappe, lui aussi, a usé de subterfuge pour attaquer avec plus d'avantage un cosmogoniste laïque et faire suspecter son orthodoxie. Ceci est d'autant plus fâcheux que M. l'abbé Glaire pourrait être lui-même soupçonné d'avoir eu en vue d'opposer sa traduction à celle de M. Godefroy. Car enfin le cosmogoniste laïque a fait valoir la véritable traduction de ce texte de la Vulgate, *disperdam eos cum terrâ*, dans l'intérêt de son explication ; explication, il est vrai, toute différente de celle présentée par M. Glaire, mais explication en tout conforme à cette célèbre proposition de Deluc, de Dolomieu et de Cuvier, que « la grande et subite ré- « volution dont la date ne peut remonter beaucoup « au delà de cinq à six mille ans, a enfoncé et fait « disparaître le pays qu'habitaient auparavant les

« hommes et les espèces des animaux les plus con-
« nus. » (*Cosmog. de la révél.*, p. 259 et p. 263.)
Mais ce cosmogoniste n'a point à intervenir dans le
débat entre M. Debreyne et M. Maupied ou M. Glaire.

Que l'impossibilité de placer dans l'intervalle des
quarante-huit heures de M. Maupied et de ses devanciers, ce vaste système d'époques anciennes et
de formations correspondantes, qui accusent des
milliers de siècles, ait fait imaginer de rejeter ces
époques et ces formations au delà du premier jour
génésiaque, on le conçoit jusqu'à un certain point.
Toutefois on conçoit aussi que M. Debreyne n'ait pas
voulu accorder à M. Glaire que les formations géologiques sont antérieures à la création de l'homme, et
que même les plus anciennes de ces formations ont
pu précéder cette création de six fois vingt-quatre
heures. On comprend qu'après avoir convaincu
d'héréticité le doyen de la Faculté de théologie de
Paris, il ait pensé qu'il lui serait facile de trouver en
défaut l'orthodoxie d'un simple laïque. Mais on ne
comprend pas que lui, prêtre et religieux de la
Grande-Trappe, n'ait déployé en cette occasion
toutes les ressources de sa dialectique, que pour
venir se heurter contre un dogme de foi catholique,
contre la promesse formelle de Dieu, contre sa promesse écrite et jurée, contre la teneur expresse de
son pacte avec les enfants des hommes, contre son
décret solennellement promulgué en son nom par le
premier de ses prophètes.

Dans la Genèse, Dieu annonce et Dieu promet à

Noé et à ses enfants qu'il n'y aura plus de déluge sur la terre. Dieu engage sa parole divine, Dieu prend l'engagement de ne plus faire périr les hommes dans les eaux d'un déluge. C'est un traité d'alliance scellé du sceau divin, qui s'étend à toutes les générations et comprend tous les siècles. Dieu promet de ne jamais oublier que son pacte avec la terre et ses habitants est un pacte éternel (1).

Et voici que l'auteur de la *Théorie biblique*, annonce que huit cents ans après cette promesse solennelle, que huit cents ans après le pacte juré, Dieu a envoyé sur la terre un second déluge, en tout semblable au premier, sinon dans son universalité absolue, du moins dans sa cause physique ou déterminante !

Mais voici encore que l'auteur de la *Théorie biblique* annonce que la fin du monde aura pareillement pour cause déterminante ou occasionnelle une troisième suspension du mouvement de rotation de la terre. Car il faut savoir que l'auteur de là *Théorie biblique* est aussi l'auteur d'une explication de la fin du monde, qu'il appelle la fin de l'univers, ou *la grande catastrophe finale*, *le drame suprême*, et encore *la dernière scène de l'univers*, parce que,

(1) « *Ecce ego statuam pactum meum vobiscum, et cum semine vestro post vos ; et nequaquam ultrà interficietur omnis caro aquis diluvii, neque erit deinceps diluvium dissipans terram. Hoc signum fœderis quod do inter me et vos, in generationes sempiternas, et erit signum fœderis inter me et inter terram. Et recordabor fœderis sempiterni, quod pactum est inter Deum et omnem animam viventem universæ carnis quæ est super terram.* Genes. IX, 9, 11, 12, 13, 16.

pour lui, comme pour M. Maupied et ses adhérents, le globe terrestre, ce monde sublunaire des astronomes, est le monde universel ou tout l'univers.

En donnant à son second déluge une même cause qu'au déluge biblique, M. Debreyne doit lui attribuer et M. Debreyne lui attribue les mêmes effets ; témoignant surabondamment que « l'arrêt du mouvement diurne» ou que la suspension pendant vingt-quatre heures du mouvement de rotation de la terre « permet au lecteur de se faire un tableau du bouleversement effroyable qui a dû avoir lieu. »

Ainsi, dans le déluge biblique, ou plutôt dans le premier déluge de la nouvelle géologie, « la croûte solide du globe s'affaisse de sept lieues sous toute la ligne équatoriale et se renfle d'autant aux pôles ; » ce qui donne lieu à « une immense série de crevasses, d'affaissements et de soulèvements, de matière intérieure rejetée à la surface. » Et dans le second déluge, même renflement aux pôles, mêmes contractions à l'équateur, « accompagnées de soulèvements, d'affaissements et de convulsions de la surface terrestre, » convulsions « qui se manifestent par des ruptures par lesquelles s'échappe la matière fluide de l'intérieur. » (*Théor. bibl.*, p, 279, 280, 312, 322.)

Ce tableau, déjà si effroyable, reste néanmoins beaucoup au-dessous de la réalité, s'il faut en croire les hommes de la science, qui estiment que l'effet immédiat de *l'arrêt du mouvement diurne* serait un bouleversement de fond en comble, une ruine ab-

solue. « Ce ne serait plus un déluge, répondait
M. Godefroy à un autre géolologue : il faudrait
voir dans un pareil événement le chaos des poètes
et des mythologistes ; ce serait, comme l'écrivait
Lalande en 1773, *l'accomplissement des siècles et la
fin du monde.* » (*Cosmog. de la révél.*, p. 300.)

Aussi la description du second déluge de M. Debreyne, sa description de la *seconde catastrophe du
globe*, est-elle suivie immédiatement de la description de la *grande catastrophe finale*, de sa *dissertation sur la fin de l'univers ;* autre et dernière description ou dissertation qui s'ouvre par ce préam-
bule :

« Nous avons fait assister le lecteur à la naissance de
l'univers, nous devons maintenant lui dire un mot de
sa fin. Nous le devons, avec d'autant plus de raison, que
les savants modernes semblent avoir pris à tâche de
faire oublier la grande catastrophe finale. » (*Théor. bibl.*,
p. 323.)

L'examen de *ce drame suprême*, traité tout original, entièrement et exclusivement propre à l'auteur de la nouvelle théorie de la cosmogonie et de
la géologie, ne rentre pas dans le cadre que je me
suis tracé, puisqu'ici il n'y a point de rapprochement, de parallèle possible. Je n'aurais donc pas à
m'occuper de *la dernière scène de l'univers*, si
nous n'étions avertis que, de même que « la géologie trouve dans la seconde catastrophe du globe

un complément indispensable, » de même aussi sa troisième catastrophe ou cette grande catastrophe finale « devient le complément nécessaire de la cosmogonie. » (*Ibid.*, p. 322, et Introd., p. 20.)

L'impartialité étant le devoir de tout critique comme l'exactitude était naguère la politesse des rois, je vais dire en quoi et comment *la dernière scène de l'univers* vient compléter le triomphe de la cosmogonie biblique de l'auteur ou de l'historien de ce *drame suprême*. Mais alors aussi, dans l'intérêt de la vérité, je rapprocherai de ce dernier tableau biblique, une exposition de vues tout aussi neuves ou tout aussi originales, mais entièrement différentes, d'un autre contemplateur des œuvres et des révélations du Créateur universel, pour faire de ces deux pendants un *Appendice aux Vues sur l'œuvre de la création*.

APPENDICE.

**Tableaux de l'univers, aux points de vue opposés
de l'interprétation.**

I. L'historien des catastrophes du globe commence par déclarer qu'en parlant de la fin de l'univers, il n'entend pas traiter « de l'époque où elle aura lieu, mais de la manière dont elle se fera. » (*Théor. bibl.*, p. 326.) Cependant, comme tout est nouveau dans ce complément de la *Doctrine nouvelle,* il nous a déjà prévenus que « quand les sciences humaines nous auront ramenés aux connaissances prodigieuses des hommes antédiluviens, dépositaires des révélations primitives, ce sera le prélude du drame suprême et le commencement de la fin. » (*Ibid.*, p. 63.)

Quant à *la manière dont elle se fera,* en voici la description exacte et complète :

« La force luminique avait tout organisé à la parole du Tout-Puissant ; la même parole, en retirant cette force plastique, désorganisera tout, pour soumettre tout à un ordre nouveau, régi par de nouvelles lois. C'est pourquoi les étoiles tomberont du ciel : leurs éléments constitutifs dissous par le feu, ces masses célestes se précipiteront vers la terre, le centre des opérations du Créateur, le but de tout l'univers et l'objet de toutes les sollicitudes de Dieu.

« On ne peut se faire une idée plus juste de cet état de choses, qu'en comparant la terre, à ce dernier moment de son existence, à ce qu'elle était au premier jour de la création. Alors, l'univers commençait, et la terre, formée seule encore, était entourée de la matière cosmique qui venait de recevoir ses propriétés vitales du sublime *fiat lux*. Maintenant que l'univers finit, tout revient à cet état primitif. » (*Théor. bibl.*, p. **332**.)

C'est qu'il s'agit de « tenir les grandes assises du genre humain. » C'est que « ce sera en cet état de choses, à ce moment suprême et solennel, que le Jugement dernier aura lieu. »

A cet effet, notre planète recouvrera son atmosphère originelle ou ses nuées primitives.

Car, pour ne rien taire des révélations nouvelles sur l'état primitif et sur l'état final de l'univers, c'est-à-dire, sur l'état premier et dernier de la terre et de son atmosphère, « ces nuées seront formées par cet océan de matière lumineuse qui rejaillira de la décomposition des cieux, et qui s'accumulera autour de la terre devenue le théâtre de la dernière scène de l'univers en ruines. » (*Ibid.*, p. 332, 333.)

On comprend enfin que *l'immense lumière bornée autour de la terre le premier jour,* ou que *le firmament formé autour de la terre le deuxième jour,* n'était autre que cet océan de matière, d'abord cosmique, puis devenue lumineuse, alors confinée tout entière dans son atmosphère, et qui devait former les astres le quatrième jour.

Et c'est ainsi que « les effrayants et incompréhensibles phénomènes de la chute des étoiles deviennent le complément nécessaire de la nouvelle théorie. » (*Ibid.*, Introd., p. 20.)

Pareillement, on comprend pourquoi M. Debreyne, qui *fait assister le lecteur à la naissance de l'univers*, se trouve néanmoins dans l'impossibilité de le faire assister à la naissance de la terre, déjà *formée*, déjà *entourée de la matière cosmique*, avant même que cette matière eût reçu ses propriétés vitales ou lumineuses du *fiat lux*, en un mot *avant la production de la lumière*. Un globe destiné à survivre à la catastrophe finale, à la dissolution de tous les soleils et de toutes les planètes; un globe destiné à devenir le théâtre de la dernière scène de l'univers en ruines, doit être le premier-né de la création, et son existence doit être antérieure à toutes les existences, « *antérieure même à la création de l'univers,* » comme l'exprime plus nettement et plus catégoriquement M. Chaubard (*Op. cit.*, p. 17), d'accord en ce point, comme en beaucoup d'autres, avec l'auteur de la *Doctrine nouvelle*.

Déjà M. Maupied avait fait de notre atmosphère le *laboratoire de l'univers*. Mais M. Maupied, pas plus que M. Debreyne, et M. Debreyne, pas plus que M. Maupied, n'a entrepris d'expliquer comment la matière des astres, élaborée les trois premiers jours dans notre atmosphère, a été transportée, le quatrième jour, aux distances incommensurables où elle se trouve aujourd'hui disséminée en agglomérations innombrables. M. Debreyne n'explique pas non plus comment ensuite ces masses célestes, si incomparablement supérieures à notre petit globe planétaire, *revenant à leur état primitif, se précipiteront vers la terre,* ou, en d'autres termes, comment notre atmosphère, cet antique laboratoire de l'univers, deviendra le réceptacle de ce même univers en ruines, alors que *l'océan de matière lumineuse qui rejaillira de la décomposition des cieux s'accumulera autour de la terre,* pour *les grandes assises du genre humain.*

En annonçant que les effrayants et incompréhensibles phénomènes de la chute des étoiles deviennent le complément nécessaire de sa théorie, M. Debreyne promet de montrer que « ce drame suprême se déroule à nos yeux avec toutes ses terribles péripéties, sans déroger en rien à la science humaine, mais plutôt en l'agrandissant et en la confirmant de la manière la plus complète. » (*Ibid.,* Introd., p. 20.) Malheureusement, M. Debreyne a négligé de faire cette preuve, de même qu'il a négligé de montrer que la terre à elle seule *balance toute la création par son importance.*

On regrette encore qu'il n'ait voulu rien répondre à l'auteur de la *Cosmogonie de la révélation en présence de la science moderne,* qui soutient, contre ses devanciers, qu'il n'est pas plus donné à l'esprit humain de concevoir la création de la terre indépendante de la création du vaste système des cieux ou seulement du soleil, qu'il ne lui est donné de concevoir cette création antérieure à l'existence des lois de l'attraction universelle et à la création de l'éther, pas plus enfin qu'il n'est permis de faire de notre atmosphère le *laboratoire de l'univers.* » (*Cosmog. de la révél.*, p. 414.) Il semble, en effet, que prendre notre atmosphère pour le laboratoire de l'univers, et en faire encore le réceptacle de l'univers en ruines, *c'est* doublement *prendre l'horizon pour les bornes du monde.*

D'un autre côté, comme M. Debreyne ne s'explique pas autrement sur ces *connaissances prodigieuses* qu'il attribue aux hommes antédiluviens, il nous est impossible de savoir si les coupables contemporains de Noé avaient conservé intact le dépôt des révélations primitives. Mais ce que nous savons de science certaine, c'est que les connaissances des écrivains inspirés de l'Ancien et du Nouveau Testament sur l'origine du monde et sur sa constitution, sont toutes différentes de celles qu'auraient eues ces antédiluviens.

Cette vérité capitale a été mise dans tout son jour par l'auteur de la *Cosmogonie de la révélation.* M. Godefroy ne parle ni du jugement dernier ni de la fin du monde, sans que, pour cela, on soit en droit de l'accuser *d'avoir pris à tâche de faire oublier la grande catastrophe finale.* S'il n'a pas fait de dissertation sur la fin de l'univers, il a recueilli les témoignages bibliques sur la grandeur de Dieu et de ses œuvres. A ces manifestations inattendues proclamées au nom du Livre divin par le religieux de la Grande-Trappe, à cette dissertation sur la fin de l'univers, à cette mise en scène de notre globe comme point central des opérations du Créateur, comme but final de toute la création, comme objet unique des sollicitudes de Dieu, nous pouvons opposer les *Considérations subsidiaires* du cosmogoniste laïque sur *l'immensité de la création,* sur *la population des mondes,* et sur *les opérations du Créateur et du Verbe éternel dans les demeures du firmament du ciel.* Ami sincère de la vérité, je ne puis plus me dispenser d'esquisser ici les principaux traits de ce tableau véritablement biblique.

II. « L'inspiration a-t-elle révélé aux prophètes de l'Ancien Testament, les hautes proportions de ces mystérieuses hiérarchies célestes placées si loin de notre terre et de ses luminaires? A cette question encore neuve sous le ciel, nous répondrons affirmativement. Comment résister à cette grande et intéressante conclusion, que le Psalmiste a connu l'excellence de rang et les ineffables splendeurs de ces étincelles imperceptibles, de ces grains de lumière perdus dans les profondeurs du ciel? Transporté dans l'espace, la création se déploie devant lui dans tout son luxe et dans toute son immensité. Le globe qu'il habite va se dérober à sa vue ; le néant des choses de la terre lui est dévoilé : il s'étonne de ce que l'homme n'est pas oublié parmi cette multitude de créations diverses qui lui apparaissent dans toute leur prééminence ; et, s'élevant de la majesté de la nature à la majesté de l'Auteur de la nature, dans le ravissement d'une si sublime contemplation, il s'écrie : « Qu'est-ce que l'homme pour « que vous vous souveniez de lui, et le fils de l'homme

« pour que vous le visitiez? *Quid est homo quòd memor* « *es ejus, aut filius hominis quoniam visitas eum?* Car « la terre est devant vous comme un grain de sable im- « pondérable, comme une goutte de la rosée du matin, » redit à son tour le sage de l'Ecriture, *quoniam tanquam momentum stateræ, sic est ante te orbis terrarum, et tanquam gutta roris antelucani quæ descendit in terram.*

« Puis, embrassant la création dans sa mystérieuse universalité, dans les transports de son amour et de sa reconnaissance, le Roi-Prophète invite tous ces cieux matériels à bénir et à louer avec lui le Dieu créateur et rédempteur. D'abord, il s'adresse au soleil et à la lune, puis à toutes les étoiles, et à tous les globes lumineux que l'œil de l'homme peut apercevoir : *Laudate eum, sol et luna; laudate eum, omnes stellæ, et lumen.* Ensuite, il convie à ce concert universel ces autres systèmes de cieux, ces cieux des cieux où l'astronome ne peut atteindre qu'armé de ses plus puissants télescopes, et encore, et enfin toutes ces eaux restées à leur premier état de création, ces NÉBULEUSES de l'astronomie moderne, qui s'étendent sur tous les cieux, et par delà tous les cieux des cieux : *Laudate eum, omnes cœli cœlorum, et aquæ omnes quæ super cœlos sunt, laudent nomen Domini.*

« Un autre prophète, après avoir décrit les merveilles de la Toute-Puissance créatrice, termine son récit par cette réflexion : « Ce que nous venons de dire n'est qu'une « très-petite partie de ses œuvres; mais si ce que nous « connaissons est à peine comme une goutte en compa- « raison de ce qui est, qui pourrait soutenir l'éclat du « tonnerre de sa grandeur et de sa magnificence? *Ecce* « *hæc ex parte dicta sunt viarum ejus : et cùm vix par-* « *vam stillam sermonis ejus audierimus, quis poterit toni-* « *truum magnitudinis illius intueri?* »

Et l'Ecclésiastique : « Qui dira le nombre, la gran-
« deur et la magnificence de ses ouvrages ? Les œuvres
« de sa toute-puissance sont au-dessus de toutes nos
« conceptions ; et nul ne pourra sonder la profondeur
« de ses incompréhensibles merveilles. L'homme qui se
« sera épuisé dans cette contemplation et dans cette
« étude, trouvera qu'il ne fait que commencer ; et il ne
« retirera de ses longues veilles que la conviction de sa
« profonde ignorance. *Quis sufficit enarrare opera il-*
« *lius ? Quis enim investigabit magnalia ejus ? Virtutem*
« *autem magnitudinis ejus quis enuntiabit ? Non est mi-*
« *nuere, neque adjicere, nec est invenire magnalia Dei.*
« *Cùm consummaverit homo, tunc incipiet ; et cùm quieve-*
« *rit, aporiabitur.* »

« Les étoiles, ces soleils de l'univers dans les hauteurs
« de la création, font toute la beauté du ciel. Mais com-
« bien d'autres globes, en bien plus grand nombre,
« échappent à notre vue ! car nous ne voyons que la plus
« petite partie de son merveilleux ouvrage. *Species cœli*
« *gloria stellarum, mundum illuminans in excelsis Domi-*
« *nus. Multa abscondita sunt majora his : pauca enim vi-*
« *dimus operum ejus.* »

« O Israël, qu'elle est grande la maison de Dieu !
« qu'elle est immense ! Elle est grande, elle est im-
« mense, elle n'a point de bornes. A son ordre, les
« étoiles ont dispensé la lumière, chacune dans le lieu
« qui lui était assigné, chacune dans son district. Ap-
« pelées aussi à distribuer la lumière dans les lieux de
« leur juridiction, elles se sont empressées d'exécuter
« les ordres de celui qui les a faites. *O Israël, quàm*
« *magna est domus Dei, et magnus locus possessionis ejus !*
« *Magnus est et non habet finem, excelsus et immensus.*
« *Stellæ autem dederunt lumen in custodiis suis, et luc-*

« *tatæ sunt. Vocatæ sunt, et dixerunt : Adsumus, et luxe-*
« *runt ei cum jucunditate qui fecit illas.* »

« Maintenant, tous ces autres mondes qu'éclairent ces
autres soleils de la création, seraient-ils des solitudes
abandonnées? Notre petit globe serait-il le seul endroit
habité qu'il y eût dans l'univers? Le Tout-Puissant aurait-il entassé sur ce point unique toutes ses créatures
animées? Aurait-il caché en ce coin de l'immensité tous
les chefs-d'œuvre de ses mains? Lui que nous voyons si
prodigue d'existences pensantes, en aurait-il été partout
ailleurs avare jusqu'au dernier excès? Tous les mondes,
hormis un seul, seraient-ils de mornes solitudes? Seraient-ils d'arides et inutiles déserts, déserts affreux,
d'où nulle pensée, nul soupir ne s'élèveraient vers le Roi
de la création?

« Non, non, répond un savant apologiste, la Puissance
infinie ne s'épuisa point à former la population de la
terre. Non, l'éternelle Sagesse n'a point créé tant de
mondes pour les donner en apanages au néant. « Tandis
que notre planète était le théâtre de ces grandes scènes
(de la création des animaux et de la création de l'homme),
il se passait sur les globes semblables, des phénomènes
analogues. Là aussi doivent habiter depuis plusieurs
siècles des multitudes d'espèces animales et des races
humaines. »

« Nous ne parlerons pas de *races humaines* dans les planètes de notre monde solaire et des autres mondes stellaires ; mais nous parlerons de chœurs de créatures, tous
aussi éloignés de nos conceptions et de nos idées qu'ils le
sont de notre demeure et de nos habitations. Nous dirons
que depuis que notre planète fut le théâtre de ces grandes
scènes, il s'est passé et il se passe très-probablement encore, dans d'autres champs de la création, des phénomè-

nes analogues; de même que, bien longtemps avant nous, des millions de créatures intelligentes glorifiaient le Père de l'univers dans les autres demeures du firmament du ciel. Car il est écrit que le Dieu qui siége au-dessus des choses matérielles et au-dessus des hiérarchies des intelligences, que le Dieu de nos pères est pareillement béni, honoré et glorifié à jamais dans LE FIRMAMENT DU CIEL. *Benedictus es, Domine Deus patrum nostrorum : benedictus es, qui intueris abyssos et sedes super cherubim, et laudabilis, et superexaltatus in sæcula; benedictus es* IN FIRMAMENTO CŒLI, *et laudabilis, et gloriosus in sæcula.* Ce ne sont plus seulement les cieux matériels que les prophètes invitent à bénir et à glorifier le Roi de la création; ils convient à ce concert universel et les anges de Dieu, et toutes les puissances du ciel, et tous les chœurs des esprits célestes, puis les enfants des hommes, et avec les enfants des hommes, les serviteurs de Dieu, les âmes et les esprits des justes et tous les êtres religieux de la création : *Benedicite angeli Domini Domino, benedicite omnes virtutes Domini Domino ; benedicite omnes spiritus Dei Domino ; benedicite filii hominum Domino ; benedicite omnes religiosi Domino Deo deorum, laudate et confitemini ei, quia in omnia sæcula misericordia ejus.*

« Oui, chacun de ces astres est un temple où Dieu re-« çoit l'hommage qui lui est dû : j'ai vu fumer leurs au-« tels, j'ai vu leur encens s'élever vers son trône, j'ai « entendu leurs sphères retentir des concerts de ses « louanges. Il n'est rien de profane dans l'univers : la « nature entière est un lieu consacré. » En exprimant en ces termes sa profonde conviction, le poëte théologien avait en vue sans doute cette autre révélation de nos Livres saints, cette révélation de l'Apôtre dont les écrits

contiennent le premier et le dernier mot du Christianisme, l'ALPHA et l'OMÉGA de la vérité divine : *Et vidi et
audivi vocem angelorum multorum in circuitu throni, et
animalium et seniorum, et erat numerus eorum millia
millium, dicentium voce magnâ : Dignus est Agnus, qui
occisus est, accipere virtutem, et divinitatem, et sapientiam, et fortitudinem, et honorem, et gloriam, et benedic-
tionem. Et omnem creaturam quæ in cœlo est, et super
terram, et sub terra, omnes audivi dicentes : Sedenti in
throno et Agno, benedictio, et honor, et gloria, et potestas in sæcula sæculorum.*

« Inutile de rappeler que l'histoire de la création ayant
été écrite pour l'homme, ce sont principalement les choses qui regardent l'homme et sa demeure, que l'inspiration y a voulu spécifier, et que tous ces autres soleils innombrables, destinés à illuminer les mondes des espaces
célestes, y sont à peine mentionnés, parce que leur importance par rapport à la terre est infiniment moins
grande que celle de ses deux luminaires. Inutile aussi de
rappeler que les grandes combinaisons de la matière,
commencées le deuxième jour et achevées le quatrième
jour, pour tout ce qui est relatif à la terre, ont dû se con-
tinuer ailleurs pendant les cinquième et sixième jours,
c'est-à-dire jusqu'au jour du repos du Créateur.

« Mais, que faut-il entendre par ce repos du septième
jour, dont nous parle le Livre des générations du ciel et
de la terre? « Que signifient ces paroles : *Dieu se re-
posa?* » A cette autre question, les théologiens répondent : « Elles signifient simplement que Dieu cessa de
« créer, du moins relativement à la terre que considère
« principalement l'auteur inspiré dans le récit qu'il nous
« fait de l'œuvre des six jours. »

« Nous ajouterons, nous oserons ajouter que ces paroles

signifient encore que Dieu cessa de créer relativement au ciel considéré dans ses rapports avec la terre, relativement aux choses du ciel qui intéressent l'homme et sa demeure.

« Si donc, la création est complète par rapport à l'homme ou à la terre qu'il habite, et encore par rapport au ciel dans ses relations avec notre globe ou par rapport aux choses du ciel qu'il est donné à l'homme de contempler, elle ne l'est certainement pas par rapport au Créateur. Car c'est dans le sens d'une opération incessante et continue, et de la part du Créateur et de la part du Verbe éternel ou du Créateur se manifestant à ses créatures, que nous devons entendre cette autre révélation de la loi nouvelle : *Pater meus usque modò operatur et ego operor*.

«CELUI qui est sorti des jours de son éternité pour naître dans une des plus petites d'entre les mille bourgades de Juda (1), suivant la promesse faite à nos pères à l'origine de notre septième jour, a voulu que nous sachions que notre demeure terrestre mérite à peine de prendre rang parmi les merveilles de la création; il a voulu que nous sachions qu'il y a dans la maison de son père mille et mille demeures, bien plus dignes de ses adorateurs : *In domo patris mei mansiones multæ sunt ;* et qu'il a opéré et qu'il opère encore avec son Père dans ces autres demeures éternelles : *Pater meus usque modò operatur et ego operor,* dans les demeures de cette maison de Dieu dont les dimensions s'étendent jusque dans l'infini, *non habet finem.*

---

(1) « Et tu Bethlehem Ephrata, parvulus es in millibus Juda; ex te mihi egredietur qui sit dominator in Israël, et egressus ejus ab initio, à diebus æternitatis. »

« L'homme a vu de ses propres yeux les merveilles de
« sa gloire, annonçaient les prophètes, et ses oreilles ont
« entendu le son de sa voix, et Israël est devenu visible-
« ment le partage de Dieu même. *Et magnalia honoris*
« *ejus vidit oculus illorum, et honorem vocis audierunt*
« *aures illorum. Et pars Dei Israël facta est manifesta.*
« C'est lui qui est notre Dieu, notre unique Seigneur.
« Après avoir donné sa loi à Jacob son serviteur et à
« Israël son bien-aimé, il s'est montré sur la terre et il a
« conversé avec les hommes. *Hic est Deus noster, et non*
« *æstimabilis alius adversùs eum. Hic adinvenit omnem*
« *viam disciplinæ et tradidit illam Jacob puero suo et*
« *Israël dilecto suo. Post hæc in terris visus est, et cum*
« *hominibus conversatus est.* »

« Et les témoins évangéliques déposent : « Il a habité
« parmi nous, et nous avons vu sa gloire, qui est la gloire
« du fils unique du Père : *Et habitavit in nobis, et vidi-*
« *mus gloriam ejus, gloriam quasi unigeniti à Patre.*
« Or, déposent encore les témoins évangéliques, Celui qui
« est descendu sur la terre, est aussi monté au-dessus de
« tous les cieux pour y accomplir toutes choses : *Qui*
« *descendit, ipse est et qui ascendit super omnes cœlos*
« *ut impleret omnia ;* de sorte qu'en son nom toutes les
« créatures fléchissent le genou , dans les demeures
« supérieures aussi bien que sur la terre et dans les de-
« meures d'un rang inférieur à celle de l'homme , *ut in*
« *nomine Jesu omne genu flectatur cœlestium, terrestrium,*
« *et infernorum.* »

« Et l homme transporté de reconnaissance s'est écrié
avec le Roi-Prophète : Que l'homme est grand, puisque
vous en avez fait l'objet de vos soins et de toute votre sollicitude : *Quid est homo quòd memor es ejus, et filius*
hominis quoniam visitas eum ?

« Mais l'homme aussi a osé dire : Comment le grand Dieu qui a formé ce prodigieux univers, a-t-il pu choisir un point rejeté dans un coin du monde pour le glorifier par sa présence, et lui dicter un code religieux dont la promulgation méritait d'avoir pour témoins toutes les hiérarchies de la création?

« Le sage de la révélation ancienne lui a répondu :

« Homme, connais-tu donc les pensées de Dieu, et « as-tu sondé les profondeurs de ses conseils? Si nous « ne comprenons que difficilement ce qui se passe sur la « terre, et si nous ne discernons qu'avec peine ce qui « est sous nos yeux, comment pourrons-nous compren- « dre ce que Dieu opère dans les cieux? *Quis enim ho-* « *minum poterit scire consilium Dei? Aut quis poterit co-* « *gitare quid velit Deus? Et difficilè æstimamus quæ in* « *terrâ sunt, et quæ in prospectu sunt invenimus cum la-* « *bore; quæ autem in cœlis sunt quis investigabit?* »

« Si l'œuvre de la rédemption, avec tout l'éclat et toute la gloire qu'elle a jetés sur le caractère de la divinité, n'eût demandé qu'un seul jour, qu'une seule heure, l'argument que l'ingratitude a tiré de la multitude des autres mondes ne se serait jamais offert. C'est le temps que requiert le plan évangélique qui étonne l'incrédule. Mais ses regards qu'il porte sur l'immensité de l'espace, pourquoi ne les porte-t-il pas aussi sur la magnificence de l'éternité? Il verrait alors que ce temps, qui l'étonne, n'est que l'espace d'un clin d'œil dans l'incommensurable révolution des âges de la nature. Il comprendrait que le même Dieu qui fait briller la lumière matérielle dans ces autres demeures éternelles, peut bien aussi y faire briller la lumière des intelligences, cette lumière qui éclaire tout homme venant en ce monde, *lux vera quæ illuminat omnem hominem venientem in hunc mundum.* Il comprendrait que la Sagesse infinie a dans ses trésors plus d'un moyen de glorification.

« Mais, répond encore le sage de la révélation ancienne, qui connaîtra, Seigneur, les merveilles de vos opérations dans les demeures célestes? qui en aura l'intelligence, si vous ne la donnez vous-même, et si vous n'envoyez votre Esprit saint du plus haut des cieux? *Quæ autem in cœlis sunt quis investigabit? Sensum autem tuum quis sciet, nisi tu dederis sapientiam, et miseris Sanctum Spiritum tuum de altissimis.* » Et les autres écrivains sacrés : « Nul ne peut connaître les voies de cette sagesse « infinie, et personne n'a suivi ses sentiers. Cette sagesse « n'est connue que de Celui dont l'omniscience a préparé « la terre dans les jours de son éternité, et qui envoie la « lumière partout où il lui plaît : *Non est qui possit scire* « *vias ejus, neque qui exquirat semitas ejus; sed qui scit* « *universa novit eam, et adinvenit eam prudentiâ suâ, qui* « *præparavit terram in æterno tempore, qui emittit lucem* « *et radit.* »

« Nous ne porterons donc pas nos investigations en dehors des enseignements de la foi. La raison, d'ailleurs, nous dit que tous nos efforts seraient frappés de stérilité et d'impuissance; et l'Écriture nous répète que celui qui voudrait sonder la majesté du Dieu de l'univers serait accablé sous le poids de sa gloire, *qui scrutator est majestatis opprimetur à gloriâ.* Qu'il nous suffise présentement de savoir que Celui qui est descendu sur la terre et qui est monté au-dessus de tous les cieux, pour l'exécution des décrets éternels, *ut impleret omnia,* a opéré et opère encore, *usque modò operatur,* dans les mille et mille demeures de l'incommensurable maison de Dieu, *in domo patris mei mansiones multæ sunt: Magna est et non habet finem;* et que tous les chœurs des intelligences, *cœlestium, terres-*

trium, et infernorum, rendent au Dieu de toute puissance et de toute propitiation gloire et honneur, bénédiction et adoration dans tous les siècles des siècles, *omnes audivi dicentes : Sedenti in throno et Agno benedictio et honor, gloria et potestas, in sæcula sæculorum.* Mais le mode, le commencement et la fin de ces autres opérations divines ne sont pas moins hors de la portée de l'intelligence humaine que les merveilles que Dieu a préparées pour ses élus, *quod oculus non vidit, nec auris audivit, nec in cor hominis ascendit.*

« Aussi les auteurs inspirés ne nous parlent que des mystères qui nous concernent. Leur mission est d'annoncer ce que Dieu a opéré pour notre réhabilitation. Ils ne publient des mystères de Dieu que ce qui leur a été révélé par son Christ (1); en nous avertissant toutefois qu'ils ne connaissent présentement et qu'ils ne publient qu'une partie des opérations divines, *ex parte enim cognoscimus, et ex parte prophetamus ; cùm autem venerit quod perfectum est, evacuabitur quod ex parte est.* « Les choses cachées, « disent-ils encore, appartiennent au Seigneur notre « Dieu; mais les choses révélées sont pour nous et pour « nos enfants à jamais : *Abscondita, Domino Deo nostro :* « *quæ manifesta sunt, nobis et filiis nostris usque in sem-* « *piternum.* »

« Parce que nous avons pris l'autorité de la révélation pour règle de notre intuition, nous nous arrêtons là où cette révélation nous commande de nous arrêter : *Non*

____

(1) « Loquitur Dei sapientiam in mysterio, quæ abscondita est, quam prædestinavit Deus ante sæcula in gloriam nostram. Nos autem non spiritum hujus mundi accepimus, sed spiritum qui ex Deo est, ut sciamus quæ à Deo donata sunt nobis. Quis enim cognovit sensum Domini, qui instruat eum? Nos autem sensum Christi habemus. »

plùs sapere quàm oportet sapere , sed sapere ad sobrietatem.
Ce n'est que dans un autre ordre de manifestation, promis
et annoncé par cette même révélation , que « le gérant
responsable du globe terrestre , le fermier du Créateur
dans la création universelle, » rétabli dans ses relations
avec L'INFINI ABSOLU, pourra s'élever à la connaissance de
toute vérité : *Cùm autem venerit quod perfectum est, evacuabitur quod ex parte est. Videmus nunc per speculum in
ænigmate , tunc autem facie ad faciem : nunc cognosco ex
parte, tunc autem cognoscam sicut et cognitus sum.* Et le
moment est arrivé pour l'intelligence humaine de reconnaître qu'il ne lui a été donné de savoir des mystères de la
création, que ce qu'il a plu à la divine Sagesse de lui révéler dans le livre qui porte à son frontispice l'empreinte
sacrée du sceau cosmogonique : ISTÆ SUNT GENERATIONES
COELI ET TERRÆ. » (*Cosmog. de la révél.*, p. 423 à 436.)

En présence de ce dernier manifeste du cosmogoniste laïque, l'auteur de la *Théorie biblique* a
fait toutes ses réserves, dans ces protestations im-
précatoires contre une doctrine si diamétralement
opposée à la *Doctrine nouvelle :*

« La pluralité des mondes ne peut être admise.
L'homme étant l'image et le représentant de Dieu sur la
terre, *tout est fait pour lui.* C'est donc bien à tort qu'un
écrivain a dit : « Ce serait assurément se faire de l'homme
« et de son importance une idée bien exorbitante, que de
« rapporter à lui, comme cause finale unique, tout cet
« univers dont l'immensité nous accable. » Jamais aucun roman cosmogonique ne pourra prévaloir contre la
vérité...

« Philosophes superbes, cessez donc de calomnier l'humanité. Que prétendez-vous par là, si ce n'est de justifier
des penchants qui ne vous honorent point, et de trouver
des excuses dans vos péchés et dans vos honteuses et
basses passions? » (*Théor. bibl.*, p. 183, 184, 185.)

Assurément, telle n'a point été la prétention de
l'auteur de la *Cosmogonie de la révélation*: telle
n'a pu être l'intention du *cosmogoniste laïque*.
Quant à sa doctrine, elle est irréprochable, puisqu'elle n'est que la reproduction purement littérale
de la doctrine scripturale. Si cette doctrine toute
biblique ou toute cosmogonique est en contradiction
perpétuelle avec la *Doctrine nouvelle*, cette discor-
dance ne lui est nullement imputable ; et à cet égard
son contradicteur n'a rien à attendre de son appel
au clergé.

APPEL AU CLERGÉ,

ET A TOUS LES DÉFENSEURS DE LA VÉRITÉ BIBLIQUE.

C'est aux hommes de foi que M. Debreyne fait appel pour la propagation de son œuvre. Dans sa proclamation au clergé, il le conjure de considérer « qu'un travail de la nature de celui *qu'il lui offre,* est aujourd'hui absolument nécessaire aux ecclésiastiques, » et que son livre « est devenu indispensable à l'enseignement des séminaires, et à toutes les personnes qui sont chargées de l'éducation. » Il lui promet que « tout ecclésiastique, s'il est initié à la doctrine scientifique contenue dans ce livre, pourra combattre avec avantage tous les savants, qui, sous l'apparence du respect pour les Livres saints, ne laissent pas de sacrifier à l'idole du jour. » (*Théor. bibl.*, Introd., p. 21, 22.)

Sans doute M. Godefroy a mis la cosmogonie de la révélation *en présence de la science moderne ;*

mais en sacrifiant à cette idole du jour, il ne s'est
pas posé en adorateur aveugle. S'il a censuré les
théologiens qui ont failli à leur mandat, il n'a pas
hésité à reprendre en face les savants du siècle,
toutes les fois qu'ils se sont écartés des vérités
révélées. Les Laplace, les Poisson, les Arago sont là
pour témoigner qu'il ne fait acception de personne.
Naturalistes ou théologiens, théologiens ou naturalistes, il les combat avec un zèle égal, lorsque,
pour reproduire ses expressions, ils négligent de
consulter, soit le livre de l'Ecriture qui nous révèle
l'ordre des décrets de la Sagesse éternelle dans
l'œuvre de la création, soit le livre de la nature qui
nous manifeste les merveilles de sa toute-puissance.

Puisque c'est au clergé que M. Debreyne fait appel, ce serait au clergé à se prononcer entre une doctrine qui fait de la science l'auxiliaire obligée de la
foi, et une doctrine qui ne voit dans la science que
l'ennemie née de la foi. Ce serait au clergé à se prononcer entre un auteur qui fait profession de croire
que *l'accord des faits scientifiques avec les faits
révélés est tout à la fois le fondement, le centre et
le résultat d'une véritable synthèse cosmogonique,*
et un auteur qui imagine de *deviner la cause* de
ces faits révélés, pour l'introduction d'un principe
subversif de tous les faits scientifiques, et de *suppléer au silence de la Bible,* pour fonder le nouvel
édifice de la science sur *l'unité de la cause biblique.*

Mais, tout en annonçant une *Doctrine nouvelle
fondée sur un principe unique* ainsi *puisé dans la*

Bible, M. Debreyne entend bien n'être que l'écho de son siècle, ou, pour l'énoncer comme il l'énonce lui-même, LA SYNTHÈSE DE SON SIÈCLE. Cette autre pensée dominante, il l'exprime d'une manière plus compréhensible et il l'expose sous toutes ses faces, en expliquant qu'il n'a pu « avoir d'autre but que de répandre de nouvelles lumières sur les plus hautes et les plus difficiles questions dont s'occupe le siècle en ce moment, » et de « donner une théorie cosmogonique d'accord avec la science; » en avertissant que « la vérité se fait jour de toutes parts ; » que « désormais aucun ecclésiastique ne peut demeurer étranger au mouvement scientifique du siècle; » que « c'est un devoir pour tout prêtre de s'armer des principes des sciences cosmogonique et géologique ramenées à l'orthodoxie mosaïque et catholique; » et en témoignant l'espoir que le clergé tout entier « entendra les mille voix qui s'élèvent de toutes parts pour le convier à prendre part à ce travail d'émancipation universelle. » S'il est *l'homme que les sciences attendent*, « l'homme qui, par la puissance de son génie et l'autorité de son nom, puisse imposer au monde des idées plus hautes, plus bibliques, » il déclare aussi que « sa cosmogonie et ses principes géologiques sont parfaitement en harmonie avec l'observation, » et il entend bien « ne déroger en rien à la science humaine, mais plutôt l'agrandir en la confirmant de la manière la plus complète. » (*Id. Ibid.*, Introd., p. 2, 11, 18, 20, et p. 94 et 235.)

C'est qu'en effet sa cosmogonie n'est en dernière
analyse que l'application théorique et la conclusion
finale des données de M. Matalène sur la constitution du monde, et des idées un peu moins explicitement exprimées de MM. Chaubard, Maupied,
Glaire, etc., sur cette constitution du monde et sur
son origine ; de même que sa géologie ou sa théorie
explicative de la formation des terrains géologiques
n'est que le sommaire des élucubrations longuement élaborées par le premier de ces interprètes,
dans ses *Eléments de géologie mis à la portée de
tout le monde, et offrant la concordance des faits
géologiques avec les faits historiques, tels qu'ils se
trouvent dans la Bible*, etc.

Pareillement, c'est à M. Marcel de Serres que
l'auteur de la *Doctrine nouvelle* a pris, en les modifiant plus ou moins, la ténuité de sa matière sidérale,
son solide et ferme appliqué à la matière éthérée
ou à l'espace pour le soutènement des corps célestes, et les explications sur la nature terrestre
de la lumière primitive, proposées dans la *Cosmogonie de Moïse comparée aux faits géologiques*, et
acceptées comme arguments démonstratifs par l'auteur des *Etudes philosophiques sur le Christianisme*.

Enfin, c'est sur le mode d'interprétation imaginé
ou si largement exploité par M. Frédéric Klée, que
reposent toutes ces applications théoriques, lorsqu'il
devient utile de suppléer au silence de la Bible, ou
lorsqu'il s'agit d'expliquer, en la devinant, la cause
de son silence.

Ainsi, le débat n'est point entre M. Godefroy et M. Debreyne. Le débat est tout entier entre l'interprétation cosmogonique et l'interprétation géogénique, pure ou mixte, soit que, d'accord avec M. Maupied, M. Glaire, etc., on ait considéré la terre comme premier produit de la création, soit qu'on en ait fait, avec M. Marcel de Serres, l'objet d'une création *particulière*, distincte d'une *autre sorte de création*. Le point en litige est entre la *Cosmogonie de la révélation en présence de la science moderne*, et les doctrines scientifiques du *Cours de physique sacrée*, des *Livres saints rengés*, de la *Cosmogonie de Moïse comparée aux faits géologiques*, de la *Concordance des faits géologiques avec la Genèse*, de l'autre *Concordance* due à M. Chaubard, de la *Formation du monde d'accord avec la Bible* de M. Frédéric Klée, etc.

Car il ne peut plus être question de l'hypothèse antéhexamérique qui rentre, d'ailleurs, dans l'esprit de l'interprétation géogénique, en faisant de tous les astres des *instruments vibratoires* à l'usage de la terre, et en recourant à une *débilitation momentanée du soleil* ET DES AUTRES ASTRES, pour expliquer *les ténèbres de la première nuit ou de la veille du premier jour*. L'anathème porté contre les contradicteurs de la révélation divine et de la révélation humaine doit arrêter les plus aveugles ou les plus téméraires. Le novateur le plus décidé reculera devant la nécessité d'imposer silence à l'historien de la création, pour arriver à enseigner avec M. Desdouits ou M. Jéhan, ou avec le docteur Buckland, cette doctrine d'une inconvenance d'expressions en harmonie avec l'étrangeté de son dogme, que « Dieu « a créé, puis organisé et détruit successivement « ses ouvrages, comme un ouvrier mécontent; » que « le Créateur a effacé ses premières ébauches, « comme un peintre dédaigne une esquisse qui « rend incomplétement sa pensée. » (Voy. *Cosmog. de la révél.,* p. 307.)

Le novateur le plus hardi refusera de se prononcer aussi ouvertement contre la teneur du récit biblique et de se mettre en même temps en contradiction flagrante avec les faits scientifiques et avec les indications réitérées de la géologie, quand il saura que le docteur Buckland lui-même rend ce témoignage à la vérité, que « l'hypothèse qui nous « présente les matériaux du globe comme ayant « existé primitivement sous la forme d'une nébu- « leuse, offre la théorie la plus simple et par consé- « quent la plus probable de la condition primitive « des éléments matériels qui composent notre sys- « tème solaire. »

Il refusera de s'inscrire en faux contre le récit historique des *générations du ciel et de la terre*, quand il entendra M. Jéhan lui dire que « les con- « clusions auxquelles on a cru pouvoir s'arrêter de « nos jours sont le résultat d'études plus conscien- « cieuses et plus approfondies et les données finales « de nombreux hommes de génie; » que « M. Whe- « well, un savant anglais, a fait voir jusqu'à quel

« point cette théorie tend à augmenter nos convic-
« tions sur l'existence d'une intelligence primitive et
« présidant à tout. » Il refusera son adhésion à
l'*idée neuve* du docteur Buckland, quand il entendra
M. Jéhan dire et répéter que « beaucoup d'es-
« prits du premier ordre appellent grande et simple
« l'hypothèse cosmogonique; » et quand il l'entendra reconnaître, après le célèbre Ampère, que
« cette théorie ne présente rien que de très-conci-
« liable avec la Genèse, » et demander « s'il répugne
« aux attributs de Dieu d'admettre qu'il ait soumis à
« des lois organisatrices les éléments de la matière
« dont il a formé les mondes, » et « pourquoi il ne
« serait pas permis au savant de rechercher LES LOIS
« GÉNÉSIAQUES QUI ONT PRÉSIDÉ A CETTE FORMATION (1). »

(1) Le même auteur fait encore cet aveu :

« Aussi haut que nos inductions scientifiques nous permettent de re-
« monter, nous rencontrons les atomes ou éléments primitifs que la main
« du Créateur balance, au sein de l'espace, au moyen de diverses lois,
« forces ou agents, dont il modifie l'action et dirige la puissance dans le
« but de fixer, de consolider, de coordonner harmonieusement tous ces élé-
« ments divers. »

Puis, il cite à l'appui cet autre témoignage de Mgr. Wiseman :

« Je pense que nous sommes en bonne voie pour découvrir dans les causes
« qui ont produit la forme actuelle de la terre une si belle simplicité d'ac-
« tion, qu'elle confirme, si on peut employer cette expression, tout ce que le
« Seigneur a exposé dans sa parole sacrée. » (*Op. cit*, p. 265, 272 à
275, et p. 373.)

Comment M. Jéhan n'a-t-il pas vu qu'il n'y a point d'autre voie que la
voie cosmogonique qui conduise à cette *belle simplicité d'action*, attribut
essentiel de l'action divine, ou que le moyen de connaître *les lois génésiaques
qui ont présidé à cette formation*, est de suivre à la lettre *tout ce que le
Seigneur a exposé dans sa parole sacrée*, non-seulement sur cette formation
de la terre, mais sur la formation du ciel et de la terre, et de tout ce que
renferment le ciel et la terre?

A la vérité M. Desdouits trouve cette théorie absurde ; et pour lui, l'histoire de la Genèse ne remonte pas au delà de la naissance de l'homme (1).

Il pouvait bien être permis à M. Desdouits de trouver absurde une théorie *qui a conquis la foi de tous les savants ;* mais il n'était pas permis à M. l'abbé Desdouits d'ignorer que « depuis plus de trois « mille ans l'auteur inspiré a consigné, dans la « Genèse, l'histoire de la création, celle du com- « mencement et de la formation du ciel et de la « terre et de tous les êtres qu'ils renferment, » et que « la religion a constamment enseigné la même « doctrine sur l'origine de toutes choses. »

Le savant professeur de l'Université catholique de Louvain, qui fait cette réponse au fervent apôtre du docteur protestant, lui apprend encore, puis- qu'il paraît aussi l'ignorer, que « les théories cos- « mogoniques modernes s'accordent avec les prin- « cipes posés par les interprètes de la parole sacrée « il y a plus de quatorze siècles, et que tout ce qui « a été réclamé ou exposé par la science moderne a « été autrefois entrevu et accordé par les plus grands

______

(1) « Que pensez-vous, lui demande son interlocuteur, de la théorie de « Laplace sur la formation de tous les corps célestes ? Cette théorie, vous « ne l'ignorez pas, a conquis la foi de tous les savants. Et certes, c'est une « théorie solide que celle qui n'est que la conséquence mathématique de la « grande loi de l'attraction, de cette loi fondamentale de la nature. » Et M. Desdouits de lui répondre : « Je la trouve absurde ; et, malgré mon pro- « fond respect pour notre illustre géomètre, je n'en ai jamais caché ma « pensée à personne... Pour moi, l'histoire génésiaque ne commence qu'à « la naissance de l'homme. » *(Op. cit*, p. 99, 102, 106)

« génies du Christianisme et les défenseurs les plus
« illustres de la vérité de l'Ecriture. » (*Op. cit.*,
p. 1, 2.)

Or, cette importante et intéressante vérité, mé-
connue ou obscurcie dans ces derniers temps, a été
mise dans toute son évidence dans la *Cosmogonie de
la révélation en présence de la science moderne*. Et
les apologistes de l'hypothèse antéhexamérique,
pour lesquels l'œuvre du second jour est demeurée
lettre close et tellement close qu'ils ont été obligés
de rayer ce second jour de leur tableau comparatif,
les apologistes de l'hypothèse antéhexamérique ont
pu se convaincre que ces grands génies du Christianisme, que ces défenseurs illustres de la vérité de
l'Ecriture ont vu, dans l'opération du firmament,
l'institution de cette loi fondamentale de la nature,
l'action de cette force universelle dont l'application
mathématique devait faire la gloire immortelle de
Newton.

Nous devons constater, leur a dit M. Godefroy,
que ces anciens interprètes ont reconnu dans l'institution de cette *mécanique céleste*, une puissance
primordiale mise en action pour opérer, dans les
choses matérielles et dans chacune d'elles, toutes les
combinaisons et dispositions relatives au but de l'Auteur de la nature ; qu'en même temps ils ont reconnu
et attesté, avec les Septante et avec tous les hébraïsants, que le firmament de l'Hébreu, dans sa
signification primitive et radicale, exprime l'action
d'affermir et solidifier ce qui était auparavant rare

et fluide, *firmare ac solidare rem aliquam quæ priùs fluida erat et rara*. Les contradicteurs apologistes de la secte antéhexamérique ont pu se convaincre que si, dans les explications des anciens interprètes, le premier jour est le jour de la création de la matière, le second jour est le jour de la formation ou de l'introduction de la forme dans cette matière de la création; opposant aux novateurs de leur temps que, s'il écrit que le ciel et la terre furent CRÉÉS le premier jour, il est écrit aussi que le ciel lui-même ne fut FORMÉ que le jour suivant, *nam et cælum scribitur posteà factum*.

Ainsi donc, que M. Debreyne, annonçant au monde savant et religieux une autre *Doctrine nouvelle*, se proclame LA SYNTHÈSE DE SON SIÈCLE, ou que, se faisant le héraut des autres novateurs du jour, il publie dans son monitoire : « Pendant que les sociétés savantes ne trouvent rien de mieux à faire que de sommeiller sur des monceaux de faits, il est nécessaire d'exciter leur zèle, afin qu'elles n'encourent pas elles-mêmes le reproche qu'elles ont adressé aux membres du clergé de s'être endormis dans le sanctuaire et d'avoir laissé s'éteindre leurs lampes, » (*Théor. bibl.*, Introd., p. 1), les sociétés savantes n'entendront pas sa voix, et les membres du clergé n'iront pas rallumer leurs lampes aux sources où il a allumé la sienne. Que dans sa sollicitude pour le clergé qu'il veut, dit-il, « initier peu à peu aux principes de la science théologique de la nature et de l'univers, » (*Id.. Ibid.*, p. 13), il lui ait dédié ou *spécialement destiné* son *ouvrage*, le clergé trouvera qu'il y a quelque chose de mieux à faire, que de s'endormir à la lueur du flambeau que le nouvel hiérophante *tient toujours à la main* dans son exposition de la NOUVELLE THÉORIE DU FIRMAMENT.

Le clergé refusera donc de répondre à l'appel d'un docteur, prêtre et religieux de la Grande-Trappe, qui, dans son initiation à la science théologique des interprètes de l'*ère nouvelle,* conclut en l'exhortant à porter aux savants ce DÉFI SOLENNEL :

« Vous tous, ennemis de la révélation, savants « superbes, rationalistes orgueilleux, inventeurs de « théories impies, fondateurs de systèmes antibi- « bliques, fabricateurs de mondes sans nombre et « sans fin, rassemblez-vous et liguez-vous contre la « vérité, c'est-à-dire contre la science et l'inénar- « rable philosophie de Dieu ; oui, unissez-vous tous « et vous serez vaincus, *congregamini et vince-* « *mini;* et il ne vous restera que la honte de vos « élucubrations insensées. »

Le clergé et les vrais défenseurs de la science bi- blique, tous les défenseurs de la véritable science théologique de la nature et de l'univers se rendront à l'avis d'un simple laïque, que ses études compa- ratives ont amené à cette autre conclusion et à cette autre adresse :

« O vous donc que vos talents et vos connais- « sances placent au premier rang dans la hiérarchie « des intelligences de la terre, montrez, vous le

« pouvez, que toutes les sciences, sans nulle
« exception, forment un immense cercle dont Dieu
« occupe le centre; que puisqu'elles découlent de
« son sein, comme un ruisseau de sa source, elles
« ne sauraient rien contenir qui lui fût contraire,
« et que les éléments hostiles qu'elle renferme
« sont dus uniquement à la main de l'homme. Là
« est tout l'avenir de l'humanité : le renouvellement
« **du** monde dépend de cette alliance devenue né-
« cessaire entre la raison et la foi, entre le dogme
« et la science. C'est la grande manifestation qu'at-
« tend aujourd'hui le Catholicisme, manifestation
« annoncée et promise par son divin Auteur : *Sal-*
« *rator noster inquit :* ERRATIS, NESCIENTES SCRIP-
« TURAS ET POTENTIAM DEI; *ubi duos libros, ne in*
« *errores incidamus, proponit nobis evolvendos;*
« *primò volumen Scripturarum, quæ voluntatem*
« *Dei, dein volumen creaturarum, quæ potentiam*
« *revelant.* »

FIN.

TABLE ANALYTIQUE DES MATIÈRES.

PRÉLIMINAIRES.

JOURS DE LA GENÈSE.

I.

PREMIER ET SECOND JOURS.

Lumière et firmament.

I. Interprétation cosmogonique, et interprétation géogénique.

II. Appréciations des critiques.

III. Le système de Laplace sur la formation du soleil et des planètes, modifié dans le sens des données acquises sur la nature du soleil et de sa lumière, et dans le sens de la Genèse.

II.

TROISIÈME ET QUATRIÈME JOURS.

Manifestation de l'Ordonnance cosmogonique.

I. OEuvre du troisième jour : Double opération décrite par Moïse.

III.

CINQUIÈME ET SIXIÈME JOURS.

Créations organiques et formations géologiques.

Appendice aux vues sur l'œuvre de la création.

Tableaux de l'univers, aux points de vue opposés de l'interprétation.

APPEL AU CLERGÉ,

Et à tous les défenseurs de la vérité biblique.

ERRATA.

Page 67, ligne 1, produits, *lisez* reproduits.
Page 84, ligne 3 des notes, aura, *lisez* aurait.